Neues verkehrswissenschaftliches Journal

Ausgabe 31

Abschlussbericht

Disposition des Eisenbahnbetriebs unter Einbeziehung von zufallsbedingten Unsicherheiten im künftigen Betriebsablauf (DICORD)

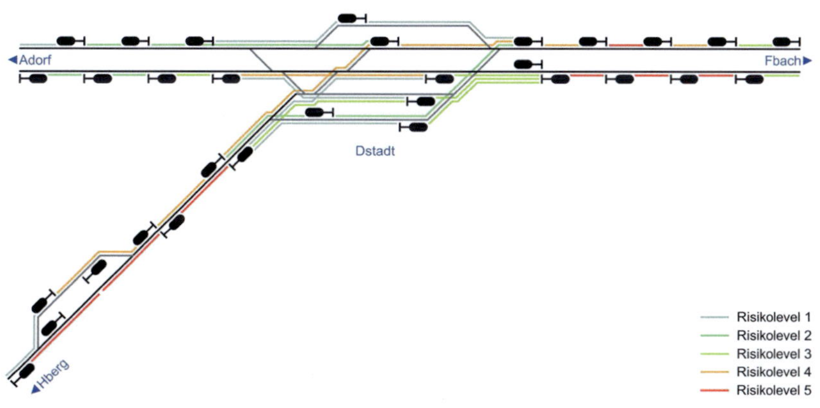

DFG-Forschungsprojekt MA 2326/22-1

Prof. Dr.-Ing. Ullrich Martin

Dr.-Ing. Weiting Zhao

Markus Tideman, M.Sc.

August 2021

Institut für Eisenbahn- und Verkehrswesen der Universität Stuttgart

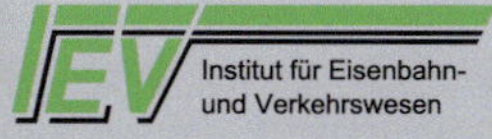

Die Hauptautoren wurden bei der Erstellung dieses Berichts von Herrn Philipp Mosch, Frau Nicole Mohr und Herrn Jonathan Roßmann unterstützt.

Titelbild: IEV VWI, Philipp Mosch

Herstellung und Verlag: BoD – Books on Demand, Norderstedt

Printed in Germany

ISBN 978-3-7543-2517-9

Vorwort

Liebe Leserinnen und Leser,

mit Ausnahme eines temporären Rückgangs im Zuge der Corona-Pandemie steigt das Verkehrsaufkommen verkehrsträgerunabhängig kontinuierlich an. Der Schienenverkehr ist aufgrund politischer Zielsetzungen davon in besonderem Maße betroffen, indem beispielsweise eine Verdoppelung der Fahrgastzahl und eine Erhöhung des Marktanteils des Schienengüterverkehrs auf 25% bis 2030 angestrebt wird (BMVI 2020). Eine Möglichkeit zur Reduzierung des Bedarfs an teuren Ausbauvorhaben bietet sich in einer effizienteren Auslastung der vorhandenen Schieneninfrastruktur. In diesem Zusammenhang wurde im Rahmen des von der Deutschen Forschungsgemeinschaft (DFG) geförderten Forschungsprojekts DICORD am Institut für Eisenbahn- und Verkehrswesen (IEV) ein Dispositionsalgorithmus entwickelt, der durch eine Analyse des betrieblichen Risikos der Blockabschnitte sowie durch darauf aufbauende Dispositionsmaßnahmen im rollierenden Zeithorizont eine Steigerung der Betriebsqualität gewährleistet.

Im Rahmen dieses Forschungsprojekts wurden eine Dissertation sowie sechs studentische Arbeiten erstellt. Erkenntnisse und Zusammenstellungen aus diesem Projekt wurden von der Projektbearbeiterin in ihre Dissertation (Zhao 2018), die bereits vor diesem Abschlussbericht veröffentlicht wurde, übernommen und weiterentwickelt.

Stuttgart, im August 2021

Prof. Dr.-Ing. Ullrich Martin

Inhaltsverzeichnis

Abbildungsverzeichnis

Tabellenverzeichnis

Kurzfassung

Das steigende Eisenbahnverkehrsaufkommen und die begrenzte Erweiterbarkeit der Eisenbahninfrastruktur erhöhen die Anfälligkeit des Eisenbahnbetriebs gegenüber häufig und unvorhersehbar auftretenden Betriebsstörungen. Im Allgemeinen wird kleineren Störeinflüssen durch die Implementierung von redundanten Pufferzeiten und Zeitzuschlägen im Basisfahrplan begegnet. Jedoch beeinträchtigen solche robusten Fahrpläne einerseits unweigerlich die betriebliche Kapazität und entfalten andererseits insbesondere in stark belasteten Netzabschnitten nahezu keine Wirkung. Darüber hinaus können starke Störungen des Eisenbahnbetriebs nicht vollständig durch die Reserven des Basisfahrplans neutralisiert werden, wodurch in der Regel signifikante Verspätungen entstehen und dispositive Maßnahmen erforderlich werden, um die Pünktlichkeit des Eisenbahnbetriebs zu verbessern. In der gegenwärtigen Praxis werden Dispositionsmaßnahmen allerdings häufig lediglich basierend auf der Erfahrung des Disponenten angeordnet, wodurch insbesondere die globalen Auswirkungen auf das Eisenbahnnetz nicht ausreichend berücksichtigt werden. Werden hingegen bestehende Dispositionsalgorithmen genutzt, so mangelt es diesen oftmals an einer Einbeziehung von dynamischen und mit großer Unsicherheit versehenen Randbedingungen bzw. Umwelteinflüssen des Eisenbahnbetriebs.

Um den zuvor aufgezeigten Nachteilen zu begegnen, wurde in diesem Forschungsprojekt ein neuer Dispositionsalgorithmus entwickelt, der künftige Störeinflüsse berücksichtigt und in der Folge robuste und widerstandsfähige Dispositionslösungen generiert. Verglichen mit konventionellen Dispositionsansätzen erfolgt die Disposition dabei proaktiv und die Kapazität wird durch iteratives Aktualisieren in einem rollierenden Zeithorizont bei gleichzeitiger Sicherstellung eines hohen Pünktlichkeitsniveaus gesteigert.

Der entwickelte Dispositionsalgorithmus stellt ein hybrides Modell dar, das sowohl simulative als auch heuristische Ansätze miteinander kombiniert. Für jeden Abschnitt des rollierenden Zeithorizonts werden nahezu-optimale Dispositionslösungen unter Rückgriff auf die Tabu-Suche automatisch erzeugt. Durch kontinuierliches Aktualisieren des Eisenbahnbetriebszustands in einem Simulationstool können die anzunehmenden Störeinflüsse zeitlich passgenau berücksichtigt werden. Um den Nutzen des entwickelten Dispositionsalgorithmus zu evaluieren, werden drei Indikatoren untersucht. Diese sind die gesamte gewichtete Wartezeit, die Anzahl relativen Umordnens und die Kapazität.

Abstract

Nowadays, the contradiction between the fast-increasing travel demand and the limited expansion of railway infrastructure is magnified. As a result, the railway operation becomes more susceptible to operational disturbances occurred frequently and unpredictably. Normally, small disturbances are handled by establishing buffer time and recovery time in the basic timetable. However, a robust timetable with redundant buffer time and recovery time naturally impairs the operating capacity and exhibits almost no effects in heavily congested areas. Moreover, strong disturbances occurring during railway operation cannot be completely neutralized by the basic timetable and usually result in significant delays. In this situation, dispatching is necessary to improve the punctuality of railway operation. Currently, manual dispatching is pervasive in practice based on rules of thumb, which leads to a lack of global consideration of effects on the entire railway network. Meanwhile, most of the existing dispatching algorithms fail to deal with the dynamic environment to the railway operation with high uncertainty.

In the light of these deficiencies, this research project proposes a new dispatching algorithm under the consideration of further potential random disturbances. It generates robust and resilient dispatching solutions that are capable of handling forthcoming disturbances in the dynamic circumstances. Compared with conventional dispatching approaches, the dispatching is proactive and the iterative updates in a dynamic time scheme increase the capacity while ensuring a high degree of punctuality.

For those purposes, a hybrid model, which combines simulative and heuristic approaches, was developed within a rolling time horizon frame. The near-optimal dispatching solutions for each sub-time period can be derived automatically based on Tabu Search. By regularly updating of the status of railway operation with a railway simulation tool, the approximation of considered disturbances can be adjusted in a timely manner. Three indicators including total weighted waiting time, number of relative reordering and capacity are utilized to evaluate the proposed algorithm.

1 Ausgangslage und Zielsetzung

1.1 Problemstellung und Zielsetzung

Schienenverkehrssysteme sind einer Vielzahl von internen und externen Störeinflüssen ausgesetzt, welche mitunter zu großen Abweichungen zwischen dem tatsächlichen Bahnbetrieb und dem im Fahrplan ursprünglich vorgesehenen führen können. Aufgrund des erhöhten Verkehrsaufkommens und gleichzeitig begrenzten Ausbaumöglichkeiten der Infrastruktur werden Schienennetze häufig am Rande ihrer Kapazität betrieben. Dies ist vor allem in stark belasteten Bereichen oder auf Engpassabschnitten der Fall. Infolgedessen sind Fahrpläne bereits für kleine Betriebsstörungen, welche durch technisches Versagen, menschliches Fehlverhalten oder extreme externe Umweltbedingungen verursacht werden können, anfällig. Im Rahmen des vorliegenden Forschungsprojekts werden diesbezüglich Einbruchsverspätungen, Haltezeitverlängerungen, Fahrzeitverlängerungen und Abfahrtszeitüberschreitungen berücksichtigt. Diese wirken in der Regel nicht nur unmittelbar auf eine Zugfahrt, sondern pflanzen sich im Untersuchungsraum fort, wodurch die Betriebsqualität insgesamt beeinträchtigt wird. Daten der Deutschen Bahn zufolge waren in Deutschland im Jahr 2019 deren Fernverkehrszüge lediglich zu 75,9% und deren Güterverkehrszüge lediglich zu 73,8% pünktlich[1] (Deutsche Bahn AG 2021).

Dabei können kleinere Störeinflüsse durch die im Fahrplan implementierten Pufferzeiten und Fahrzeitzuschläge absorbiert werden. Diesbezüglich existieren zahlreiche Studien, die die statistischen Zusammenhänge zwischen den in den Fahrplänen vorgesehenen Zugfolgeabständen und den im Betriebsablauf resultierenden Folgeverspätungen analysieren. Ziel ist es, Fahrpläne künftig an den zu erwartenden Folgeverspätungs-Effekten ausrichten zu können (Carey und Kwieciński 1994). Zudem wird in (Kroon et al. 2008) ein stochastischer Optimierungsansatz zur Bemessung von Fahrzeitzuschlägen und Pufferzeiten für einen gegebenen Fahrplan entwickelt. Dieser Ansatz hat den Zweck, die Robustheit gegenüber Störungen bei gleichzeitig kleinstmöglichem Änderungsbedarf am zugrundeliegenden Fahrplan zu erhöhen. Hierzu wird ein

---

[1] „Ein Halt wird als pünktlich gewertet, wenn die planmäßige Ankunftszeit im Personenverkehr um weniger als sechs beziehungsweise im Güterverkehr um weniger als 16 Minuten überschritten wird." (Deutsche Bahn AG 2021, 74)

Algorithmus zur Berechnung der Fortpflanzung von Einbruchsverspätungen in einem Taktfahrplan auf Basis der Max-Plus-Algebra-Methodik entwickelt (Goverde 2010). Ferner untersucht (Lindfeldt 2015) die Stabilität von Fahrplänen im Hinblick auf den Einfluss des Verkehrsaufkommens, der Verkehrsheterogenität und von Einbruchsverspätungen auf die benötigten Fahrzeitzuschläge.

Bei Studien wie diesen können im Allgemeinen zwei Probleme festgestellt werden. Zum einen verschlechtern robuste Fahrpläne mit redundanten Pufferzeiten und Fahrzeitzuschlägen die Betriebskapazität eines Schienennetzes in der Regel, weshalb diese Herangehensweise insbesondere in stark belasteten Netzabschnitten nur bedingt in Frage kommt. Zum anderen können im Gegensatz zu leichteren Störungen signifikante Störungen, die während des Betriebs auftreten, vom Fahrplan nicht vollständig absorbiert werden, sodass Verspätungen zwangsläufig entstehen. Um die Pünktlichkeit im Betrieb in der Folge zu verbessern, sind dispositive Maßnahmen notwendig.

Da diese in der gegenwärtigen Praxis meist jedoch manuell durch einen Disponenten identifiziert und angeordnet werden, ist ihre Qualität sowie auch ihr Einfluss auf den Betriebsablauf stark von der Erfahrung des Disponenten abhängig, auch wenn dieser sich an einheitlich definierten Prinzipien und Zielen orientiert. So haben im Wirkungsbereich der DB Netz AG in Abhängigkeit vom sogenannten Marktsegment beispielsweise Züge des Schienenpersonenfernverkehrs eine höhere Priorität als andere, i.d.R. langsamere Züge, wohingegen im Falle gleicher Zugkategorien Züge mit einer höheren Reisegeschwindigkeit Vorrang haben (DB Netz AG 2019). Über die Abhängigkeit vom Disponenten hinaus ist ein weiteres Problem im Kontext der dispositiven Praxis zu betrachten. So werden Dispositionsmaßnahmen oftmals lediglich zur Lösung lokaler Konflikte angeordnet, bei denen mangels Überblickes nicht der Einfluss auf das gesamte restliche Schienennetz berücksichtigt wird. Um diesem Effekt entgegenzuwirken, wurden verschiedene Optimierungsalgorithmen mit globalen Zielfunktionen im Rahmen von computergestützten Dispositionsmodellen entwickelt (vgl. (Corman et al. 2010), (D'Ariano 2008), (Pänke 2012) und (Schaer et al. 2005)). Allerdings wird zusätzlichen Einflüssen von zufälligen Störungen im Dispositionsprozess kaum Aufmerksamkeit gewidmet. Solche zufälligen Störungen treten oft und unvorhergesehen im

Eisenbahnbetrieb auf und führen so zu einer dynamischen Umgebung, die von hoher Unsicherheit geprägt ist.

Ausgehend von den zuvor skizzierten Nachteilen bestehender Dispositionsmethoden können für den im Rahmen des vorliegenden Forschungsprojekts entwickelten Dispositionsalgorithmus zahlreiche Anforderungen gefolgert werden. So soll er robuste und resiliente Dispositionslösungen generieren können, die unter dynamischen Umständen trotz künftiger Störeinflüsse eine ausreichend gute Betriebsqualität gewährleisten. Wichtig ist dabei jedoch, eine angemessene Balance zwischen Streckenauslastung und Robustheit zu wahren, da eine zu starke Rücksichtnahme auf künftige Störungen unweigerlich zu einer Verschlechterung der Kapazität im gesamten Schienennetz führen würde. Aus diesem Grund nimmt die Analyse des betrieblichen Risikos der Blockabschnitte eine herausragende Stellung ein, damit die hierbei gewonnenen Erkenntnisse im Rahmen der Disposition berücksichtigt werden können. Ferner soll der Dispositionsalgorithmus sicherstellen, dass kurzfristig wirkenden Störeinflüssen nicht zulasten des mittel- und langfristigen Betriebsablaufs begegnet wird, weshalb die Implementierung eines rollierenden Zeithorizonts bei der Simulation des nachfolgenden Betriebsablaufs im Zuge der Generierung von Dispositionslösungen vorgesehen wird (s.a. Kapitel 3).

1.2 Festlegung eines Untersuchungsraums

Zur Erprobung und Veranschaulichung der Wirkungsweise des entwickelten Dispositionsalgorithmus wird eine Fallstudie durchgeführt, deren Ergebnisse in den Kapiteln 2 bis 4 jeweils nach der theoretischen Erläuterung der Vorgehensweise beschrieben werden. Für die Fallstudie wird dabei nicht auf eine einzelne Strecke zurückgegriffen, sondern auf ein kleines imaginäres, aber hinreichend komplexes Eisenbahnnetz, das am Institut für Eisenbahn- und Verkehrswesen (IEV) standardmäßig für die Entwicklung und Erprobung von Algorithmen genutzt wird und in Abbildung 1 schematisch dargestellt ist. Es weist 35 Blockabschnitte auf und umfasst die vier Stationen Adorf, Fbach, Hberg und Dstadt. In diesem Referenznetz verkehren Fernverkehrszüge, Nahverkehrszüge und Güterzüge, deren Zusammensetzung durch verschiedene Betriebsprogramme variiert werden kann. Im Zuge der Algorithmusentwicklung wird stets ein Zeitraum von sechs Betriebsstunden untersucht. Ein wesentlicher Vorteil des Referenznetzes ist, dass es sowohl die Nachbildung von Begegnungskonflikten und Folge-konflikten als auch von Kreuzungskonflikten und Einfädelungskonflikten ermöglicht. Hierdurch ist auch sichergestellt, dass der entwickelte Dispositionsalgorithmus mit die-sen Konflikttypen umgehen kann.

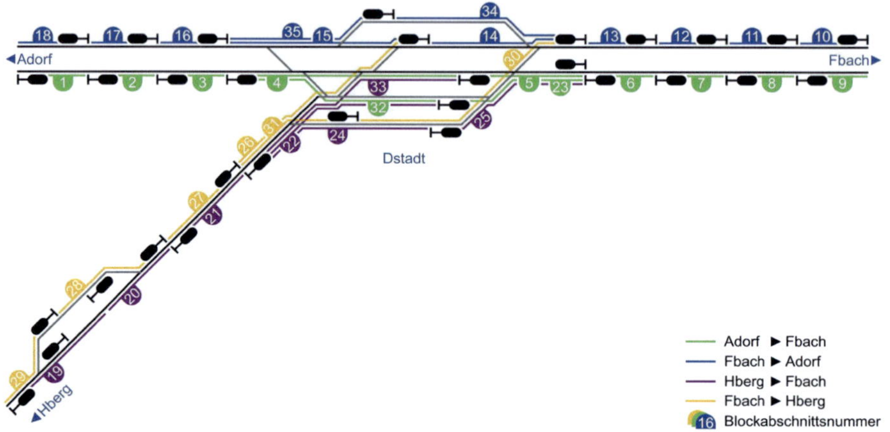

Abbildung 1:   Eisenbahnnetz der Fallstudie

1.3   Aufbau des Berichts

Der entwickelte Dispositionsalgorithmus setzt sich mit der betrieblichen Risikoanalyse und der darauf aufbauenden Generierung von Dispositionslösungen aus zwei grund-legenden Prozessen zusammen, auf die in den Kapiteln 2 und 3 zunächst in der The-orie und unmittelbar daran anschließend in Form einer Fallstudie näher eingegangen wird. So wird zu Beginn des Kapitels 2 in die betriebliche Risikoanalyse eingeführt sowie die Funktionsweise insbesondere unter dem Aspekt der Störungsabbildung und der Ermittlung des betrieblichen Risikos der Blockabschnitte vorgestellt. Im Rahmen der Fallstudie des zweiten Kapitels finden das Störgeschehen, die entwickelten nor-mierten Risikoindizes sowie die risikoorientierte Klassifizierung von Blockabschnitten besondere Beachtung. In Kapitel 3 wird die Funktionsweise der Generierung von Dis-positionsmaßnahmen erläutert und dabei v.a. die Realisierung eines rollierenden Zeit-horizonts unter Berücksichtigung einer risikoorientierten Erkennung von potentiellen

Konflikten verdeutlicht. Darauf aufbauend wird der als Ergebnis des Forschungsprojekts vorgeschlagene Dispositionsalgorithmus in einer Fallstudie für einen fiktiven Betriebsablauf getestet und anhand geeigneter Indikatoren in Kapitel 4 bewertet sowie einer Sensitivitätsanalyse unterzogen. Des Weiteren werden auch zwei für die Funktionalität grundlegende Parameter bestimmt. Der Bericht schließt mit einem Fazit sowie Ausblick in Kapitel 5 und enthält im Anhang, neben einer Spezifikation der prototypischen Umsetzung des Dispositionsalgorithmus, auch die im Rahmen der Fallstudie genutzte Berechnungsmethodik.

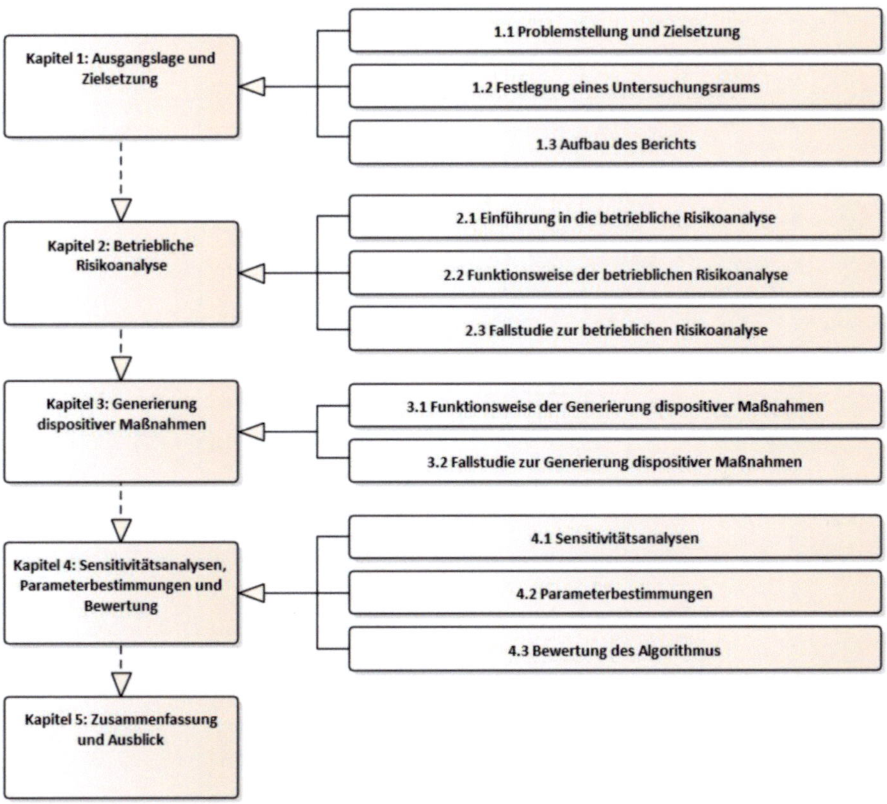

Abbildung 2:   **Strukturierung des Projekts und Aufbau des Berichts**

2 Betriebliche Risikoanalyse

2.1 Einführung in die betriebliche Risikoanalyse

Das Schienenverkehrssystem ist ein komplexes System mit einer Vielzahl von ineinandergreifenden Prozessen, die u.a. von technischen Anlagen, menschlichem Verhalten und Umweltbedingungen beeinflusst werden. Das Auftreten einiger Störereignisse kann zwar zu einem gewissen Grad verhindert werden, unvorhersehbare Ereignisse sind allerdings nur schwer zu kompensieren. Deshalb wird in der Praxis unausweichlichen betrieblichen Störungen auf zwei Arten entgegengewirkt. Einerseits werden in der Planungsphase Fahrpläne möglichst robust konstruiert und andererseits werden Dispositionsmaßnahmen im Falle von Konflikten im realen Betriebsablauf angeordnet (vgl. (D'Ariano 2008), (Kroon et al. 2008), (Kim 2020) und (Lindfeldt 2015)).

Einer Identifizierung kritischer Blockabschnitte, die besonders anfällig gegenüber Störeinflüssen sind, kommt in diesem Zusammenhang eine große Bedeutung zu. So kann auf Basis der Vulnerabilität von Blockabschnitten die Fahrplangestaltung verbessert werden, beispielsweise durch eine optimierte Reservenaufteilung in Gestalt von Fahrzeitzuschlägen und Pufferzeiten auf verschiedenen, hinsichtlich ihrer Vulnerabilität variierenden Blockabschnitten (Martin et al. 2020). Durch das Anordnen zusätzlicher Zeitreserven für vulnerable Blockabschnitte und geringerer Reserven für weniger vulnerable Abschnitte können Einbruchsverspätungen und Folgeverspätungen ohne Verschlechterung der Kapazität des Schienennetzes vermindert bzw. vermieden werden. Doch auch für die Disposition spielt die Vulnerabilität von Blockabschnitten eine wichtige Rolle. In der Phase der Konflikterkennung können künstlich verlängerte Sperrzeiten auf den Blockabschnitten eine Abschätzung ermöglichen, welche Dispositionslösungen zu implementieren sind.

Bei Leistungsuntersuchungen ist eine eindeutige Definition für den Begriff „Engpass" nicht vorhanden und die Definition steht meistens in Zusammenhang mit der Aufgabenstellung und dem gewählten Bewertungsverfahren (Li 2015). In (DB Netz AG 2008) wird ein Engpass definiert als „maßgebendes Netzelement für das Leistungsverhalten, dessen Nutzungsgrad der Nennleistung im mangelhaften Bereich der Qualität liegt". In (Vakhtel 2002) wird ein sehr hochbelastetes Netzelement hingegen als ein Engpassabschnitt eines Eisenbahnnetzes identifiziert. Da allerdings nicht alle hochbelasteten Infrastrukturabschnitte einen entscheidenden Einfluss auf die gesamte

Leistungsfähigkeit haben, entwickelten (Hantsch, Li und Martin 2013, 72) eine eigene Definition: „Ein Infrastrukturabschnitt ist dann ein Engpass, wenn andere Fahrten wegen der Belegung auf diesem Infrastrukturabschnitt so stark beeinträchtigt werden, dass der Betrieb auf benachbarten Abschnitten behindert und damit die Betriebsqualität negativ beeinflusst wird, d.h. dieser Infrastrukturabschnitt betriebsbehindernd wirkt". Ausgehend von den unterschiedlichen Definitionen des Engpass-Begriffs existieren unweigerlich auch diverse Methoden zur Engpassanalyse (vgl. bspw. (Drewello und Günther 2012), (South East Transport Axis 2013)). Resultate solcher Engpassanalysen können für die Kapazitätsermittlung von Eisenbahnnetzen verwendet werden, sind aber im realen Eisenbahnbetrieb nicht immer zielführend, da durch dispositive Maßnahmen die Struktur des Betriebsprogramms häufig geändert wird.

Eine Alternative zu herkömmlichen Engpassanalysen stellt eine Analyse der Vulnerabilität von Infrastrukturabschnitten dar. In (Andersson, Peterson und Törnquist Krasemann 2013) wurden einige störungsempfindliche Stellen als kritische Punkte schlicht durch Analyse empirischer Daten identifiziert. Anstatt kritischer Punkte werden in dieser Studie störungsempfindliche Blockabschnitte als Engpässe identifiziert. Die Vulnerabilität von Blockabschnitten, die sich auf die Anfälligkeit für Störungen, welche zu erheblichen Beeinträchtigungen der Betriebsfähigkeit des Eisenbahnnetzes führen können, bezieht, spiegelt sich im Indikator des betrieblichen Risikoindex wider. Dieser ist der Erwartungswert der negativen Einflüsse, die durch das Auftreten von Störungen auf bestimmten Blockabschnitten verursacht werden. Anders als die von (Li 2015) entwickelten Indikatoren, die sich auf durch Belegung eines Infrastrukturabschnitts verursachte Behinderungen von Zügen fokussieren, konzentriert sich der betriebliche Risikoindex auf sämtliche Wirkungen von Störungen, die auf bestimmten Blockabschnitten auftreten. Auf diese Weise können die Ergebnisse einer solchen betrieblichen Risikoanalyse als Grundlage für die Entwicklung eines innovativen dynamischen Dispositionsalgorithmus unter Berücksichtigung künftiger zufälliger Störungen dienen. Des Weiteren können sie aber auch für eine verbesserte Fahrplangestaltung während der Planungsphase, für die Priorisierung von Bauprojekten beim Infrastrukturausbau oder der Infrastrukturinstandhaltung und für Kapazitätsbestimmungen des Eisenbahnnetzes eingesetzt werden. Anstatt sich auf die unterschiedliche Auslastung der einzelnen Blockabschnitte im realen Betrieb zu konzentrieren, versucht das vorliegende Forschungsprojekt somit, die negativen Einflüsse von Störungen auf einzelnen Blockabschnitten für das gesamte untersuchte Eisenbahnnetz zu ermitteln. Auf Basis dessen ist der entwickelte Algorithmus in der Lage, die Blockabschnitte zu klassifizieren und so wichtige Anhaltspunkte für Dispositions- und Fahrplangestaltungsstrategien aufzuzeigen. Diesbezüglich wäre es beispielsweise denkbar, dass bei Störungen, die auf Blockabschnitten mit niedrigem Risikoindex auftreten, keine Maßnahmen ergriffen werden, die über die im Fahrplan ohnehin vorhandenen Reserven hinausgehen. Treten Störungen hingegen auf Blockabschnitten mit einem hohen Risikoindex auf, so würden Reihenfolgeanpassungen und/oder Zeitenanpassungen als Dispositionsmaßnahmen angewendet werden.

2.2 Funktionsweise der betrieblichen Risikoanalyse

Risiko wird nach (Banse und Bechmann 1998, 24) „als ein quantitativ bestimmbares Maß der möglichen drohenden Gefahr definiert, wobei unter Gefahr die generelle Möglichkeit eines Schadens verstanden wird. Risiko ist dann eine zweidimensionale Größe, die sich aus den beiden Komponenten Schweregrad eines möglichen Schadens und Eintrittswahrscheinlichkeit des Ereignisses zusammensetzt." Zur Bewertung der Verkehrssicherheit (vgl. (Fricke und Pierick 1990)) wird das Risiko seit Jahrzehnten ebenfalls als Produkt von Eintrittswahrscheinlichkeit eines die Sicherheit beeinträchtigenden Ereignisses und dem Erwartungswert des Schadens, der durch dieses Ereignis entsteht, beschrieben. Daran anknüpfend wird im vorliegenden Forschungsprojekt das betriebliche Risiko jedes Blockabschnittes anhand des Einflusses, den auf dem Abschnitt auftretende, unerwartete zufällige Störungen auf das gesamte Schienennetz haben, gemessen. Auf Basis dessen ist ein effektiver Ansatz zum Auswerten des betrieblichen Risikolevels von Blockabschnitten, künstliche Zufallsstörungen separat auf die Blockabschnitte aufzubringen und den Betrieb in der Folge auf Basis des auf diese Weise gestörten Fahrplans zu simulieren. Die zufallsgenerierten Störungen werden aus realitätsnahen Wahrscheinlichkeitsverteilungen der Betriebsstörungen auf Basis der Monte-Carlo-Methode abgeleitet. Für jedes Monte-Carlo-Szenario werden vier Typen von zufälligen Störungen (Einbruchsverspätungen, Haltezeitverlängerungen, Fahrzeitverlängerungen und Abfahrtszeitüberschreitungen) generiert und gleichzeitig auf einen Blockabschnitt angewendet. Die sich so aus den Szenarien ergebenden gestörten Fahrpläne werden anschließend in RailSys simuliert und die sich im Betrieb einstellenden Wartezeiten bestimmt.

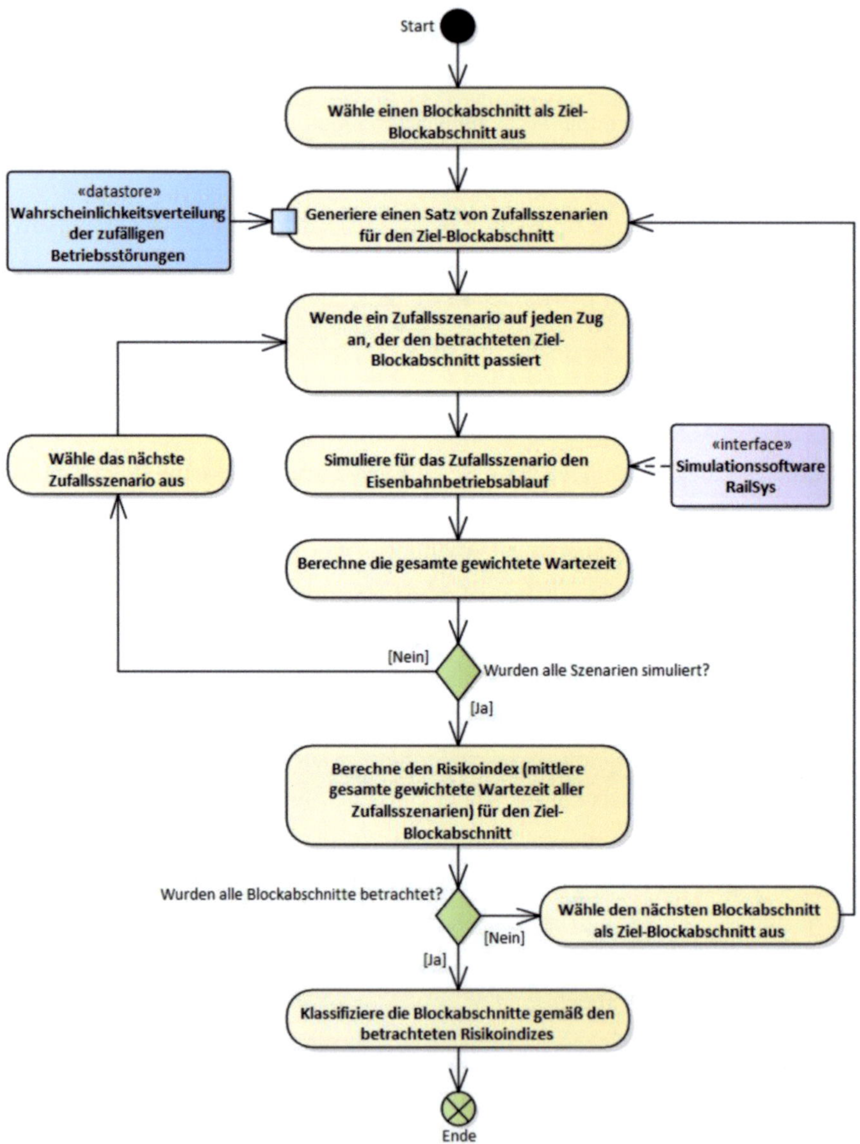

Abbildung 3:   Ablauf der betrieblichen Risikoanalyse

Anhand der Simulationsergebnisse kann der Einfluss der Störungen auf das gesamte Netzwerk in Form von Indikatoren wie der Gesamtpünktlichkeit, der gesamten gewichteten Wartezeit oder dem Verspätungskoeffizienten berechnet werden. Dieser Simulationsprozess wird für alle zum Blockabschnitt gehörenden Störszenarien wiederholt, um den Erwartungswert des untersuchten Indikators zu erhalten, der wiederum zur Ermittlung des betrieblichen Risikos des betrachteten Blockabschnitts verwendet wird. Nachdem für alle Blockabschnitte entsprechend verfahren wurde, kann eine betriebliche Risikokarte des gesamten Schienennetzes erstellt werden, indem die Indikatorwerte der Blockabschnitte untereinander verglichen werden.

In den folgenden Abschnitten wird der Ablauf der Risikoanalyse, der auch in Abbildung 3 dargestellt ist, vertiefend betrachtet.

2.2.1 Abbildung der Störungen

Um möglichst aussagekräftige Ergebnisse erzielen zu können, kommt der Qualität der Eingangsdaten eine hohe Bedeutung zu. Konkret ist bei der betrieblichen Risikoanalyse von Interesse, wie signifikant die Wirkungen von Störungen auf einem Blockabschnitt für die Betriebsqualität im Untersuchungsnetz sind. Je realistischer also die Abbildung der Störungen erfolgt, desto realistischer sind auch die ermittelten Wirkungen im Netz. Theoretisch wäre es somit am sinnvollsten, historische Stördaten aus dem realen Betrieb zu nutzen. Allerdings ist die Auswertung solcher empirischen Daten nicht nur aufwändig, sondern im vorliegenden Fall auch nicht zielführend, da die Entwicklung des Algorithmus anhand des theoretischen IEV-Referenzmodells (s.a. Abschnitt 1.2) erfolgt und zum Ziel hat, dadurch eine unkomplizierte Anpassbarkeit des Algorithmus an unterschiedliche Untersuchungsräume zu gewährleisten. Deshalb werden keine empirischen Daten zur Abbildung der Störungen genutzt, sondern diese werden auf Basis geeigneter statistischer Verteilungen erzeugt. Hierdurch können grundsätzlich sämtliche Verteilungen integriert werden.

Nachfolgend werden zur Veranschaulichung die negative Exponentialverteilung und die Erlang-Verteilung verwendet. Deren Wahrscheinlichkeitsverteilungsfunktionen sind in den Formeln 1 und 2 dargestellt, in denen β den Mittelwert der Störungen darstellt. In Formel 2 ist der Wert des Formparameters k der Erlang-Verteilung auf 2 festgesetzt.

$$f(x\,;\beta) = \frac{1}{\beta}\,e^{-x/\beta}, \qquad x > 0 \tag{1}$$

$$f(x\,;\beta) = \frac{4}{\beta^2}\,xe^{-2x/\beta}, \qquad x > 0 \tag{2}$$

Jedoch ist zu beachten, dass nicht jeder Zuglauf und nicht jeder Blockabschnitt von Störungen betroffen sein müssen. Daher muss zwischen Zugläufen mit und ohne Störung unterschieden werden. Für störungsfrei verkehrende Züge wird der Wert der Störung auf 0 gesetzt, während für gestörte Züge die Störung auf Basis der jeweiligen Verteilung generiert wird. Mithilfe der beiden Verteilungsfunktionen können zufällige Störszenarien erzeugt werden. Bei der Generierung einer Störung mit der negativen Exponentialverteilung wird zu diesem Zweck zunächst eine Zufallszahl ϑ zwischen 0 und 1 einer Gleichverteilung entnommen. Für den Fall, dass $\vartheta < W_e/100$ gilt, wird gemäß Formel 3 eine Störung berechnet und andernfalls die Störung auf 0 gesetzt. Der Proportionalitätsparameter W_e drückt dabei den Anteil von Zügen aus, die von Störungen beeinflusst werden können. Zur Vermeidung unverhältnismäßig großer Störungen wird mit dem Parameter D_{max} eine Obergrenze festgesetzt. Die Parameter β (Mittelwert der Störungen), W_e (Proportionalitätsparameter) und D_{max} (maximal zulässige Störung) können gleichzeitig mithilfe des in (Cui, Martin und Zhao 2016) beschriebenen Reinforcement-Learning-Kalibrierungsalgorithmus kalibriert werden.

$$\text{Störung} = \begin{cases} \min\left(-\beta \cdot \ln\left(1 - \dfrac{100\vartheta}{W_e}\right), D_{max}\right), & \vartheta < \dfrac{W_e}{100} \\[3ex] 0, & \vartheta \geq \dfrac{W_e}{100} \end{cases} \tag{3}$$

Für die Erlang-Verteilung werden zunächst zwei gleichverteilte Zufallsvariablen ϑ_1 und ϑ_2 erzeugt und anschließend die aufzubringende Störung nach Formel 4 generiert.

$$\text{Störung} = \begin{cases} \min\left(-\dfrac{\beta}{2} \cdot \ln\left(1 - \dfrac{100\vartheta_1\vartheta_2}{W_e}\right), D_{max}\right), & \vartheta_1\vartheta_2 < W_e/100 \\[3ex] 0, & \vartheta \geq W_e/100 \end{cases} \tag{4}$$

Im Rahmen des vorliegenden Forschungsprojekts werden mit Einbruchsverspätungen, Haltezeitverlängerungen, Fahrzeitverlängerungen und Abfahrtszeitüberschreitungen vier Störungstypen berücksichtigt: Einbruchsverspätungen treten nur auf Blockabschnitten auf, die als Einbruchsstelle für das untersuchte Netz fungieren. Einbruchsverspätungen beschreiben die Differenz zwischen der geplanten Ankunftszeit und der tatsächlichen Ankunftszeit von Zügen, wenn diese die Grenze des Untersuchungsraums erstmals überschreiten. Eine Einbruchsverspätung beschreibt somit die kumulierte Verspätung eines entsprechenden Zugs, bevor dieser in den Untersuchungsraum einbricht. Haltezeitverlängerungen treten nur auf Blockabschnitten auf, in denen sich eine Station oder zumindest ein fahrplanmäßiger Halt befindet. Eine Haltezeitverlängerung repräsentiert eine ungeplante Überschreitung der geplanten Haltezeit an einem planmäßigen Halt. Fahrzeitverlängerungen können auf allen Blockabschnitten auftreten und beschreiben ungeplante Verlängerungen der geplanten Fahrzeit. Abfahrtszeitüberschreitungen treten nur auf Blockabschnitten auf, in denen sich eine Station oder zumindest ein fahrplanmäßiger Halt befindet und stellen Zeitüberschreitungen dar, die nach abgeschlossenem Fahrgastwechsel/abgeschlossener Güterladung z.B. aufgrund technischer Störungen entstehen.

2.2.2 Aufbringen der Störungen

Für jeden Zug, der einen bestimmten Blockabschnitt passiert, wird ein Satz von Zufallsszenarien für jeden auf diesem Blockabschnitt möglichen Störungstypen auf Basis der Monte-Carlo-Methode und der jeweiligen Wahrscheinlichkeitsverteilungsfunktion (vgl. Abschnitt 2.2.1) generiert. Anschließend werden die geplanten Ankunfts- und Abfahrtszeiten sowie Fahrzeiten jedes auf dem Blockabschnitt verkehrenden Zuges um die generierten Störungen modifiziert. Folglich resultiert ein gestörter Fahrplan, der ein Störszenario des betrachteten Blockabschnitts darstellt. Die Fahrzeit ($\text{Fahr}_{\text{gestört}}$) und Haltezeit ($\text{Halt}_{\text{gestört}}$) im gestörten Fahrplan sind die Summen der ursprünglichen Werte im Basisfahrplan ($\text{Fahr}_{\text{Basis}}$, $\text{Halt}_{\text{Basis}}$) und den in den Zufallsszenarien generierten Fahrzeit- (ΔFahr) und Haltezeitverlängerungen (ΔHalt) gemäß Formeln 5 und 6.

$$\text{Fahr}_{\text{gestört}} = \text{Fahr}_{\text{Basis}} + \Delta\text{Fahr} \tag{5}$$

$$\text{Halt}_{\text{gestört}} = \text{Halt}_{\text{Basis}} + \Delta\text{Halt} \tag{6}$$

Die gestörte Abfahrtszeit ($\text{Abfahr}_{\text{gestört}}$) setzt sich gemäß Formel 7 aus der geplanten Abfahrtszeit ($\text{Abfahr}_{\text{Basis}}$) und der Verzögerung durch die Summe der Einbruchsverspätung ($\Delta\text{Einbruch}$), Abfahrtszeitüberschreitung (ΔAbfahr), Haltezeitverlängerung (ΔHalt) und Fahrzeitverlängerung (ΔFahr) zusammen.

$$\text{Abfahr}_{\text{gestört}} = \text{Abfahr}_{\text{Basis}} + \Delta\text{Abfahr} + \Delta\text{Fahr} + \Delta\text{Halt} \tag{7}$$

Zur Steigerung der Nachvollziehbarkeit werden in Tabelle 1 exemplarisch für einen Blockabschnitt Ausschnitte eines Basisfahrplans (zweite und dritte Zeile) mit denen eines gestörten Fahrplans (letzte und vorletzte Zeile) gegenübergestellt. Zu erkennen ist dabei auch, dass keine Haltezeitverlängerungen und Abfahrtszeitüberschreitungen berücksichtigt werden, da auf dem betrachteten Abschnitt kein planmäßiger Halt stattfindet. Überdies treten Einbruchsverspätungen nur bei den Zügen 1, 2 und 6 auf, Fahrzeitverlängerungen hingegen bei allen Zügen.

	Zug 1	Zug 2	Zug 3	Zug 4	Zug 5	Zug 6
Geplanter Zeitpunkt	0:15:20	0:21:00	2:05:41	3:25:05	4:59:17	5:07:02
Geplante Fahrzeit	50s	32s	50s	32s	32s	50s
Einbruchsverspätung	91s	125s	0s	0s	0s	134s
Abfahrtszeitüberschreitung	0s	0s	0s	0s	0s	0s
Fahrzeitverlängerung	58s	20s	20s	23s	32s	48s
Haltezeitverlängerung	0s	0s	0s	0s	0s	0s
Gestörter Zeitpunkt	0:16:51	0:23:05	2:05:41	3:25:05	4:59:17	5:09:16
Gestörte Fahrzeit	108s	52s	70s	55s	64s	98s

Tabelle 1:   **Exemplarische Veranschaulichung eines Störszenarios**

Um den Einfluss der zufallsgenerierten Störungen zu veranschaulichen, wird in Abbildung 4 die Sperrzeitentreppe eines Zugs gemäß Basisfahrplan mit der seines gestörten Fahrplans gegenübergestellt. Der Abbildung kann entnommen werden, dass sich die Störungen auf dem zweiten gezeigten Blockabschnitt („Ziel-Blockabschnitt") ereignen. So erfährt der Zug im entsprechenden Störszenario eine Haltezeitverlängerung und Abfahrtszeitüberschreitung an Station A sowie zusätzlich während der Fahrt auf dem gestörten Blockabschnitt auch eine Fahrzeitverlängerung.

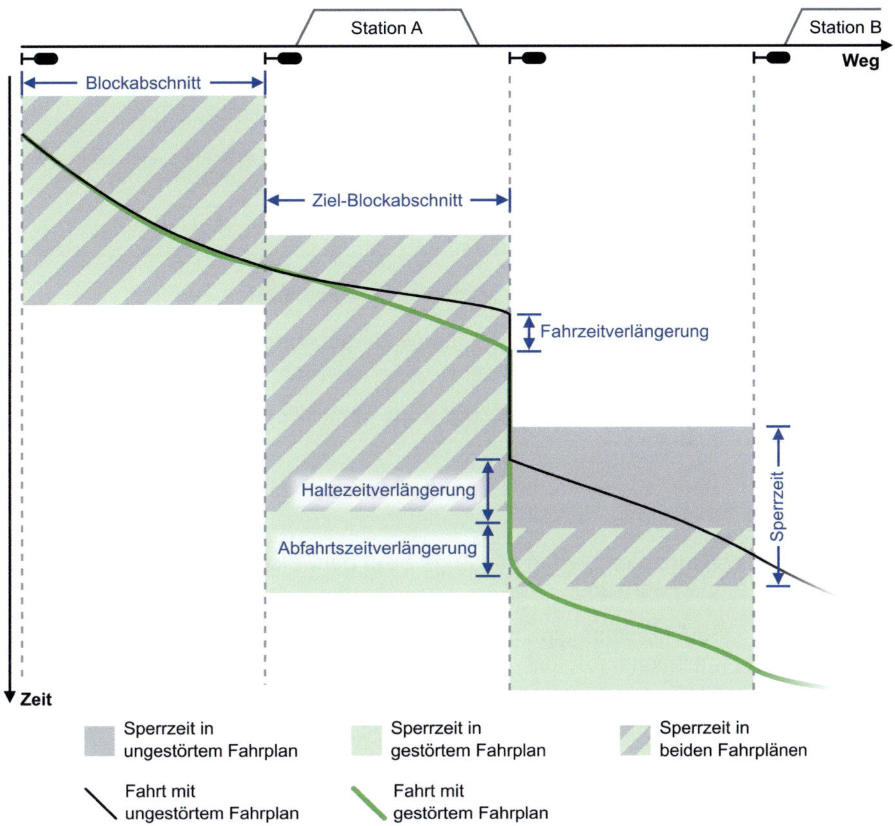

Abbildung 4: **Exemplarische Veranschaulichung eines gestörten Zuglaufs**

2.2.3 Ermittlung des betrieblichen Risikos

Auf Basis der gestörten Fahrpläne wird der Betrieb unter Einsatz der synchronen Simulationssoftware RailSys simuliert. Mithilfe der Simulationsergebnisse kann anschließend der Einfluss der Störungen auf das gesamte untersuchte Eisenbahnnetz berechnet werden und davon ausgehend wiederum das betriebliche Risiko der Blockabschnitte bestimmt werden. Zu diesem Zweck wird als Indikator für das betriebliche Risiko eines Blockabschnitts die gesamte gewichtete Wartezeit (GesamtgWZ) herangezogen, die sich gemäß Formel 8 berechnet.

$$\text{GesamtgWZ} = \sum_{z=1}^{M} \left\{ w_z \sum_{j=1}^{N} \left[(e_{z,j} - b_{z,j}) - (\bar{e}_{z,j} - \bar{b}_{z,j}) \right] \right\} \tag{8}$$

Mit

GesamtgWZ	Gesamte gewichtete Wartezeit
z	Zugnummer
j	Blockabschnittsnummer
M	Gesamtzahl an Zugläufen
N	Anzahl an Blockabschnitten auf dem jeweiligen Zuglauf
$\mathbf{w_z}$	Gewichtung des Zugs z für die Berechnung der gesamten gewichteten Wartezeit
$\bar{\mathbf{e}}_{z,j}$	Sperrzeitenende des Zugs z auf dem Blockabschnitt j im gestörten Fahrplan
$\mathbf{e}_{z,j}$	Sperrzeitenende des Zugs z auf dem Blockabschnitt j gemäß Simulationsprotokoll
$\bar{\mathbf{b}}_{z,j}$	Sperrzeitenbeginn des Zugs z auf dem Blockabschnitt j im gestörten Fahrplan
$\mathbf{b}_{z,j}$	Sperrzeitenbeginn des Zugs z auf dem Blockabschnitt j gemäß Simulationsprotokoll

Dadurch kann die tatsächliche Belegungszeit eines Zuges auf einem jeweiligen Blockabschnitt basierend auf den Daten des Simulationsprotokolls berechnet werden. Hierbei wird die tatsächliche Belegungszeit mit der geplanten Belegungszeit verglichen, woraus die außerplanmäßige Wartezeit des jeweiligen Zuges abgeleitet werden kann. Im Rahmen des vorliegenden Forschungsprojekts wird die jeweils auftretende außerplanmäßige Wartezeit gemäß dem Zugtyp gewichtet. Diesbezüglich wird sich an den Trassenentgelten der (DB Netz AG 2020) orientiert, um die unterschiedliche Toleranz von Verspätungen durch Kunden in Abhängigkeit vom Zugtyp abzubilden. So wird für Fernverkehrsfahrten die Reduktionsrate dreimal höher als bei Gütertransporten angesetzt, wohingegen sie im Vergleich zu Nahverkehrsfahrten doppelt so groß ausfällt. Dementsprechend beträgt das Gewicht der Zugtypen 3 (Fernverkehrszug), 2 (Nahverkehrszug) und 1 (Güterzug).

Wie Abbildung 3 zu entnehmen ist, wird bei der Ermittlung des betrieblichen Risikos die gesamte gewichtete Wartezeit für jeden Blockabschnitt nicht nur einmal berechnet, sondern mehrfach in Abhängigkeit von der Zahl an generierten Störszenarien, um eine hinreichende statistische Aussagekraft des Indikators zu gewährleisten. Anschließend werden die gesamten gewichteten Wartezeiten aller Störszenarien gemäß Formel 9 gemittelt und die sich ergebende Kenngröße als Risikoindex (RI) bezeichnet.

$$RI_j = \frac{1}{NS} \sum_{s=1}^{NS} GesamtgWZ_s \tag{9}$$

Mit

RI_j	Risikoindex des Blockabschnitts j
j	Blockabschnittsnummer
NS	Anzahl an Störszenarien
s	Szenarionummer
$GesamtgWZ_s$	Gesamte gewichtete Wartezeit des Störszenarios s

Um die Risikoindizes der Blockabschnitte miteinandervergleichen zu können, wird die in Formel 10 ausgedrückte Normierung für jeden Blockabschnitt angewendet, sodass sich der normierte Risikoindex (NRI) einstellt. Hierzu ist es zunächst jedoch notwendig, dass das oben beschriebene Verfahren separat für alle Blockabschnitte des untersuchten Netzes durchgeführt wird.

$$NRI_j = \frac{RI_j - RI_{Basis}}{RI_{max} - RI_{Basis}} \tag{10}$$

Mit

NRI_j	Normierter Risikoindex des Blockabschnitts j
RI_j	Risikoindex des Blockabschnitts j
j	Blockabschnittsnummer
RI_{Basis}	Mittlerer Risikoindex des Basisfahrplans
RI_{max}	Maximaler Risikoindex aller Blockabschnitte

Zuletzt kann im Rahmen der betrieblichen Risikoanalyse optional eine betriebliche Risikokarte gezeichnet werden, auf der die Blockabschnitte des Untersuchungsraums gemäß ihren Risikolevels (s.a. Abschnitt 4.2.1) eingefärbt werden.

2.3 Fallstudie zur betrieblichen Risikoanalyse

Um die im vorangegangenen Abschnitt 2.2 beschriebene Funktionsweise der betrieblichen Risikoanalyse zu veranschaulichen, werden nachstehend Erkenntnisse aus einer Fallstudie vorgestellt, die im Untersuchungsraum aus Abschnitt 1.2 stattfindet. Im Rahmen der Fallstudie werden die für jeden Blockabschnitt generierten gestörten Fahrpläne über eine automatisierte Schnittstelle einzeln in RailSys eingegeben und darauf basierend der Betriebsablauf simuliert. Hierdurch können schließlich mit den Formeln 9 und 10 die Risikoindizes sowie die normierten Risikoindizes ermittelt werden.

2.3.1 Störgeschehen

Wie in den Abschnitten 2.2.1 und 2.2.2 erläutert, werden die aufzubringenden Störungen sowohl für die negative Exponentialverteilung als auch für die Erlang-Verteilung (mit k=2) erzeugt. Hierbei werden zur Steigerung der Vergleichbarkeit beide Mal die in Tabelle 2 aufgeführten Parameterwerte verwendet.

Parameter	Zugtyp	Einbruchs-verspätung	Abfahrts-zeitüber-schreitung	Fahrzeitver-längerung	Haltezeit-verlänge-rung
β (min)	Fernver-kehrszug	5	1	1	1
D_{max} (min)	Fernver-kehrszug	60	5	30	5
W_e (min)	Fernver-kehrszug	50	5	40	5
β (min)	Nahver-kehrszug	2	1	1	0,5
D_{max} (min)	Nahver-kehrszug	30	5	15	5
W_e (min)	Nahver-kehrszug	50	5	60	5
β (min)	Güterzug	20	5	10	5
D_{max} (min)	Güterzug	60	15	30	15
W_e (min)	Güterzug	50	10	60	10

Tabelle 2: **Parameterwerte für die Wahrscheinlichkeitsverteilungsfunktionen**

Am Beispiel der Einbruchsverspätungen werden ausgehend von Tabelle 2 in Abbildung 5 für alle drei Zugtypen jeweils die Wahrscheinlichkeitsdichtefunktion der negativen Exponentialverteilung und der Erlang-Verteilung (mit k=2) gegenübergestellt.

Beim Vergleich der beiden Verteilungsfunktionen kann festgestellt werden, dass sie ab einem gewissen Störungswert einen ähnlichen Verlauf aufweisen. Hinsichtlich kleinerer Störungswerte neigt jedoch die negative Exponentialverteilung dazu, häufiger entsprechende Störungen vorzugeben. Eine weitere Erkenntnis ist, dass die Störungen für Güterzüge aufgrund der unterstellten niedrigeren Priorität tendenziell deutlich größere Mittelwerte besitzen, als die der anderen beiden Zugtypen. Dies trifft übrigens nicht nur für die Einbruchsverspätung zu, sondern ist auch auf die Abfahrtszeitüberschreitung, Fahrzeitverlängerung sowie Haltezeitverlängerung übertragbar. Bezogen auf diese vier Störungstypen konnte im Zuge der Fallstudie auch ermittelt werden, dass im Allgemeinen bei der Einbruchsverspätung bei allen Zugtypen die größten Mittelwerte vorkommen, wohingegen Fahrzeitverlängerungen die zweit- und Haltezeitverlängerungen die drittgrößten Mittelwerte aufweisen.

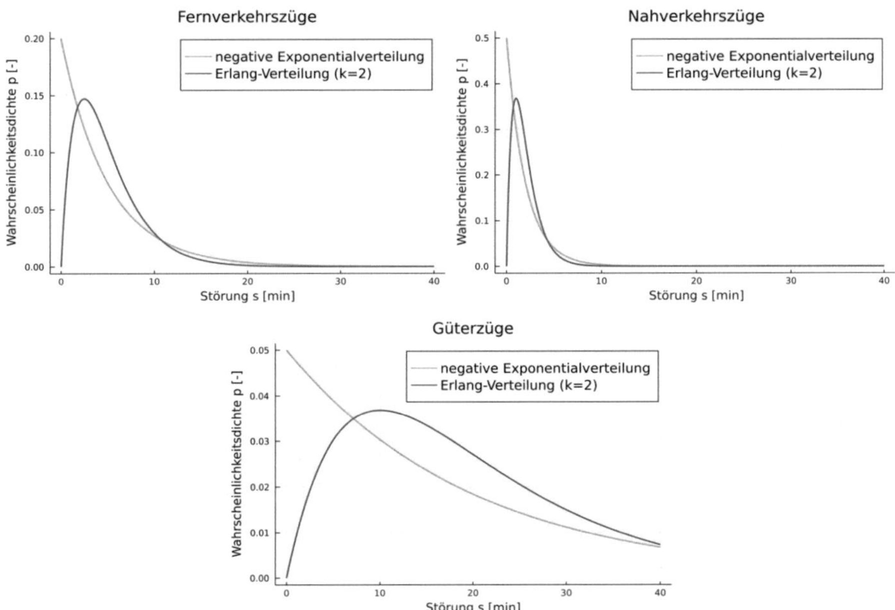

Abbildung 5: **Wahrscheinlichkeitsdichtefunktionen in Abhängigkeit vom Zugtyp**

Die durch die Wahrscheinlichkeitsdichtefunktion resultierenden Störungswerte wurden anschließend analog zu Abschnitt 2.2.2 auf die Zugläufe separat für jeden Blockabschnitt und für eine Vielzahl an Störszenarien aufgebracht, wodurch entsprechend viele gestörte Fahrpläne erzeugt wurden.

2.3.2 (Normierte) Risikoindizes

Die so gestörten Fahrpläne wurden in RailSys simuliert, um die Risikoindizes sowie die normierten Risikoindizes der Blockabschnitte sowohl bei Verwendung der negativen Exponentialverteilung als auch der Erlang-Verteilung zu ermitteln.

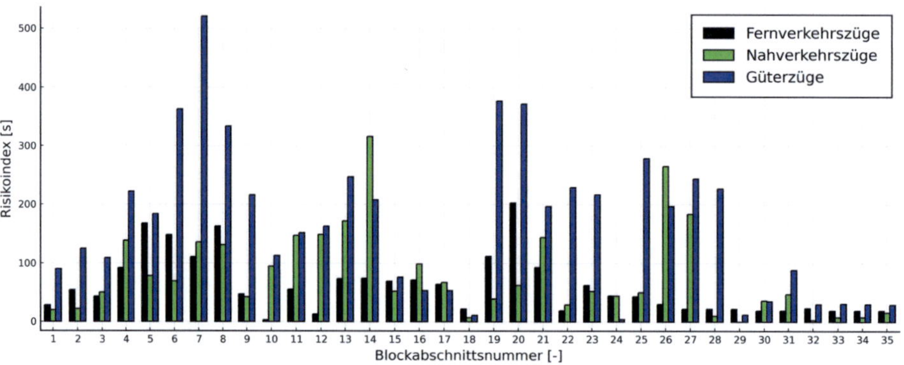

Abbildung 6: **Risikoindizes der Blockabschnitte je Zugtyp für negativ-exponentialverteilte Störungen**

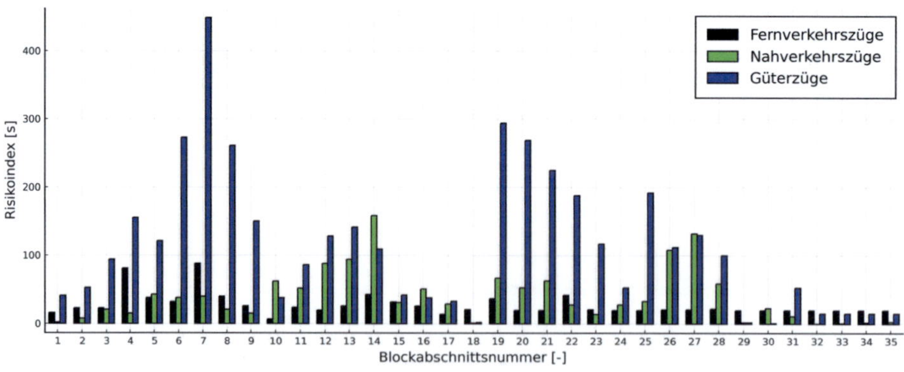

Abbildung 7: **Risikoindizes der Blockabschnitte je Zugtyp für erlangverteilte Störungen**

Grundsätzlich kann dabei festgestellt werden, dass der Basisfahrplan mangels aufgebrachter Störungen erwartungsgemäß für jeden Blockabschnitt jeweils die niedrigste gesamte gewichtete Wartezeit verursacht. Bei den gestörten Fahrplänen ergeben sich für die negative Exponentialverteilung die in Abbildung 6 und für die Erlang-Verteilung (k=2) die in Abbildung 7 gezeigten Risikoindizes.

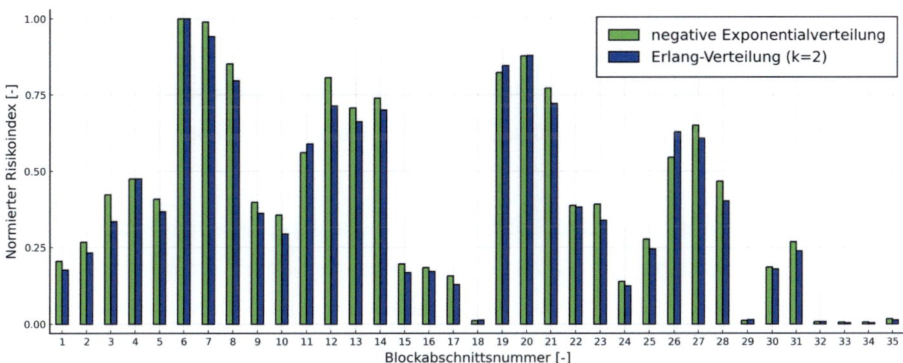

Abbildung 8: **Normierte Risikoindizes der Blockabschnitte in Abhängigkeit von der verwendeten Verteilung**

Aus Abbildung 8 kann gefolgert werden, dass insgesamt 13 Blockabschnitte (Blockabschnittsnummern: 6, 7, 8, 11, 12, 13, 14, 19, 20, 21, 26, 27 und 28) aufgrund ihres relativ großen normierten Risikoindex tendenziell als stark risikobehaftete Blockabschnitte eingestuft werden müssen. Demgegenüber stehen sieben Blockabschnitte (Blockabschnittsnummern: 18, 24, 29, 32, 33, 34 und 35), die aufgrund ihres relativ niedrigen normierten Risikoindex eher als kaum risikobehaftete Blockabschnitte klassifiziert werden können.

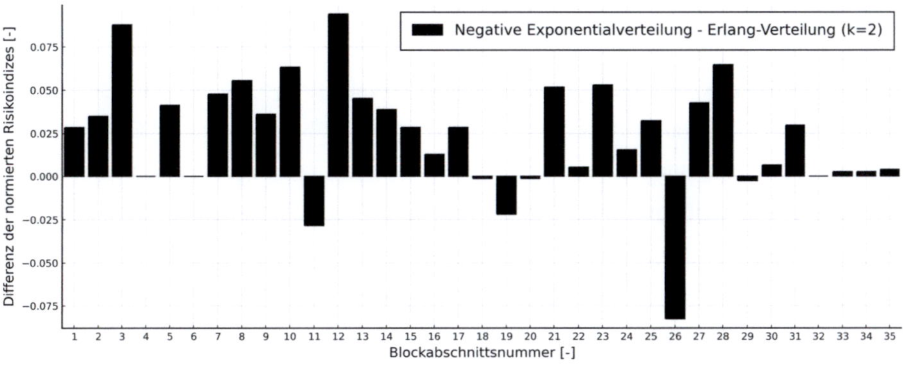

Abbildung 9: **Verteilungsbedingte Differenz der normierten Risikoindizes der Blockabschnitte**

Während in Abbildung 8 die normierten Risikoindizes separat für die jeweils zugrunde gelegte Verteilung aufgeführt werden, ist in Abbildung 9 deren Differenz dargestellt. Hierbei wird ersichtlich, dass bei Nutzung der negativen Exponentialverteilung im Allgemeinen zwar größere normierte Risikoindizes resultieren, der Differenzbetrag jedoch meistens vernachlässigbar klein ausfällt. Es kann somit festgehalten werden, dass es keinen signifikanten Zusammenhang zwischen der genutzten Verteilungsfunktion und den resultierenden Ergebnissen der betrieblichen Risikoanalyse zu geben scheint.

Im Rahmen der Fallstudie wird die betriebliche Risikoanalyse nicht nur für die Verdichtungsstufe des Basisfahrplans (100%), sondern auch für die Verdichtungsstufen 110%, 120%, 130%, 140%, 150%, 160%, 170%, 180%, 190% und 200% (entspricht einer Verdoppelung der Verkehrsstärke) durchgeführt. Wesentliche Erkenntnisse hieraus sind, dass mit zunehmender Verdichtungsstufe auch die absoluten Risikoindex-Werte der Blockabschnitte proportional zunehmen, dabei jedoch das Verhältnis der Risikoindex-Werte von Blockabschnitten mit niedrigen, mittleren und hohen Werten zueinander grundsätzlich nicht von der Verdichtungsstufe verändert wird. Dieser Umstand ist von herausragender Bedeutung, da die Klassifizierung der Blockabschnitte somit nicht von der Verkehrsstärke abhängt, solange die Struktur des Betriebsprogramms hinsichtlich des Zugmixes konstant bleibt. Bei Betrachtung der normierten Risikoindizes kann zudem festgehalten werden, dass sich diese im Gegensatz zu den (nicht-normierten) Risikoindizes nahezu nicht verändern, wodurch die Bedeutung der Verkehrsstärke für die letztendliche Klassifizierung der Blockabschnitte gemäß ihrem betrieblichen Risiko nochmals vermindert wird.

Ein weiterer Aspekt, der durch die Fallstudie untersucht wird, ist der Einfluss den die Größe der planmäßigen Haltezeiten auf das betriebliche Risiko ausübt. Exemplarisch werden dabei die planmäßigen Halte von Güterzügen, wie sie beispielsweise bei geplanten Zugüberholungen im Fahrplan vorgesehen werden, anstelle von zuvor fünf Minuten pauschal auf 15 Minuten verlängert. Wie Abbildung 10 zu entnehmen ist, wird durch eine Verlängerung der Haltezeit der Risikoindex-Wert eines jeden Blockabschnitts erhöht, wobei das Verhältnis untereinander sich größtenteils ähnelt. Deshalb kann davon ausgegangen werden, dass die Ergebnisse der betrieblichen Risikoanalyse nur in begrenztem Maße abhängig von den im Fahrplan enthaltenen konkreten Haltezeiten sind.

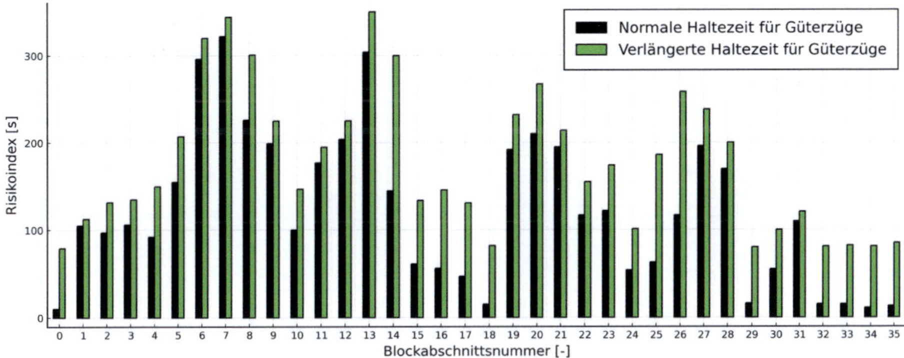

Abbildung 10:   **Blockabschnittspezifische Risikoindizes in Abhängigkeit von der Haltezeit von Güterzügen**

2.3.3   Klassifizierung der Blockabschnitte und Zwischenfazit

2.3.3.1   Klassifizierung der Blockabschnitte

Anhand der im vorangegangenen Abschnitt vorgestellten normierten Risikoindizes können die Blockabschnitte gemäß ihrem Risikolevel klassifiziert werden. Unter der Annahme von fünf Risikolevels ($L_{total} = 5$), in die jeweils sieben Blockabschnitte eingruppiert werden, ergibt sich die in Abbildung 11 dargestellte Risikoklassifizierung.

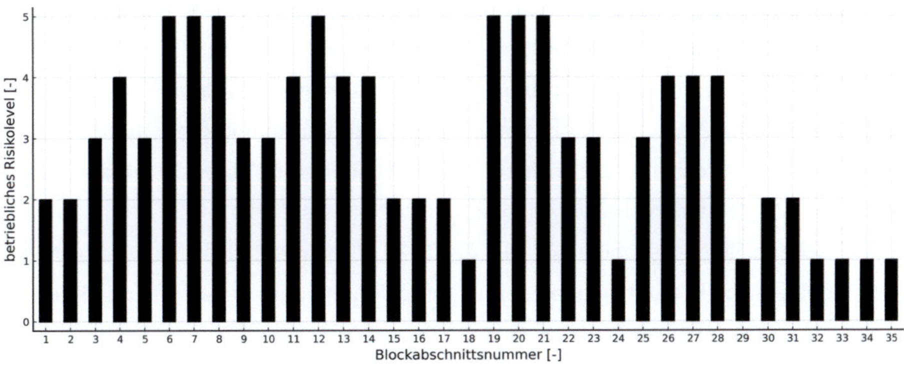

Abbildung 11:   **Resultierende Risikoklassifizierung der Blockabschnitte**

Die am Ende des Abschnitts 2.2.3 erwähnte Möglichkeit zur Zeichnung einer betrieblichen Risikokarte stellt eine andere Form der Darstellung dar und ermöglicht es dem Betrachter im Vergleich zur eher einfach gehaltenen Risikoklassifizierung aus Abbildung 11 die räumliche Verteilung des betrieblichen Risikos im Untersuchungsraum schneller zu erfassen und auf diese Weise etwaige Zusammenhänge besser identifizieren zu können.

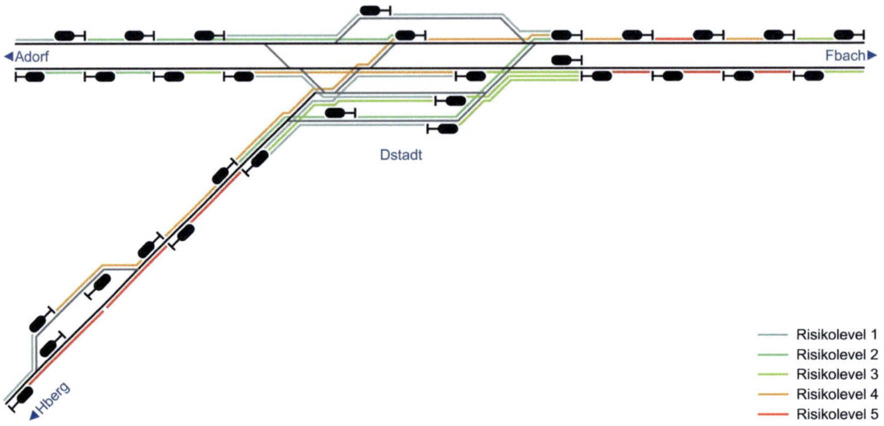

Abbildung 12:   Resultierende betriebliche Risikokarte

So kann Abbildung 12 in Kombination mit Abbildung 1 beispielsweise Folgendes entnommen:

- Blockabschnitte mit erhöhtem betrieblichem Risiko (entspricht Risikolevel 4 und 5) sind die Blockabschnitte 4, 6, 7, 8, 11, 12, 13, 14, 19, 20, 21, 26, 27 und 28.
- Diese Klassifizierung kann u.a. damit erklärt werden, dass auf den Blockabschnitten 6, 7, 8, 11, 12, 13 sowie 14 ein verhältnismäßig großes Zugaufkommen vorherrscht und zudem in den Blockabschnitten 6, 7 sowie 8 Einfädelungen von Zugfahrten zweier verschiedener Strecken stattfinden.
- Bei den Blockabschnitten 4, 19, 20, 21, 26, 27 sowie 28 lässt sich das erhöhte betriebliche Risiko hingegen darauf zurückführen, dass auf ihnen Zugfahrten im Zweirichtungsfahrbetrieb stattfinden.
- Dass die Blockabschnitte 19, 20 und 21 ein höheres betriebliches Risiko aufweisen, als die (örtlich identischen) Blockabschnitte 26, 27 und 28 ist darauf zurückzuführen, dass sich letztere unmittelbar vor einer Ausbruchsstelle des

Untersuchungsraums befinden und dort auftretende Störungen somit automatisch weniger Einfluss auf den restlichen Untersuchungsraum haben.

- Blockabschnitte mit niedrigem betrieblichem Risiko (entspricht Risikolevel 1 und 2) sind die Blockabschnitte 1, 2, 15, 16, 17, 18, 24, 29, 30, 31, 32, 33, 34 sowie 35, da auf ihnen das Zugaufkommen gering ausfällt und/oder Blockabschnitte vorhanden sind, die alternativ befahren werden können.

2.3.3.2   Zwischenfazit

Die Fallstudie aber auch darüberhinausgehende Untersuchungen lassen auf einen hohen Nutzen der betrieblichen Risikoanalyse schließen. So können mithilfe des Algorithmus nicht nur für die Betriebsqualität kritische Blockabschnitte bei Störeinfluss identifiziert werden, sondern bereits vor der Betriebsdurchführung abhilfeschaffende Maßnahmen angeordnet werden. Diesbezüglich liefert der Algorithmus beispielsweise wertvolle Hinweise über Umfang und räumlicher Verteilung etwaiger Zeitzuschläge noch während der Konstruktion eines Fahrplans.

Eine besondere Eigenschaft der entwickelten Methodik ist die Anpassbarkeit an verschiedene Störungsverteilungen. Im Rahmen der Fallstudie wurde zwar aufgezeigt, dass die Unterschiede bei Nutzung der Erlang-Verteilung oder der negativen Exponentialverteilung vernachlässigbar sind, jedoch können je nach Anwendungsfall dennoch beliebige Störungsverteilungen integriert werden. Dies könnte insbesondere im Falle eines praktischen Einsatzes von Relevanz sein, wenn hinreichend viele empirische Daten zum Störgeschehen auf den Blockabschnitten vorliegen.

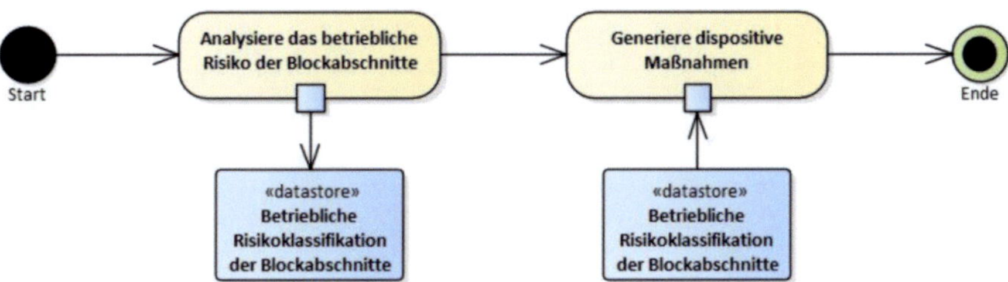

Abbildung 13:   Genereller Ablauf des Dispositionsalgorithmus

Über die Erkenntnisse für eine verbesserte Fahrplankonstruktion hinaus bietet die betriebliche Risikoanalyse einen weiteren wesentlichen Nutzen. Wie Abbildung 13 zu entnehmen ist, stellt die Risikoklassifikation der Blockabschnitte eine grundlegende

Eingangsgröße für den zweiten Teil des im vorliegenden Forschungsprojekts entwickelten Dispositionsalgorithmus dar. Hierbei werden dispositive Maßnahmen während des Betriebsablaufs generiert, deren Robustheit durch die Erkenntnisse der betrieblichen Risikoanalyse gesteigert werden sollen.

3 Generierung dispositiver Maßnahmen

3.1 Funktionsweise der Generierung dispositiver Maßnahmen

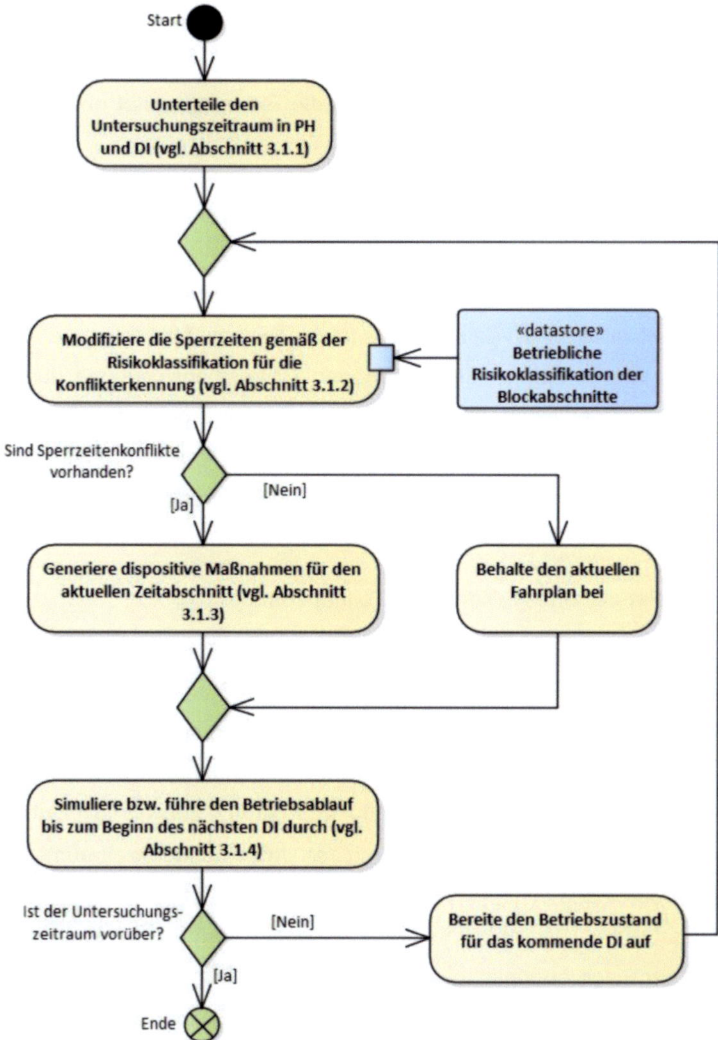

Abbildung 14:   Genereller Funktionsablauf der Generierung von Dispositionslösungen

Die in Kapitel 2 vorgestellte betriebliche Risikoanalyse bietet eine wichtige Eingangsgröße für den in diesem Kapitel thematisierten zweiten grundlegenden Teilprozess des

Algorithmus (Generierung von Dispositionslösungen), indem den auf die Betriebsqualität besonders kritisch wirkenden Blockabschnitten besser Rechnung getragen werden kann. Um den im Rahmen des Forschungsprojekts konzipierten Algorithmus möglichst flexibel zu halten für etwaige Weiterentwicklungen, würde die Generierung dispositiver Maßnahmen auch ohne eine zuvor durchgeführte Risikoanalyse durchgeführt werden können, wenngleich auf diese Weise die Betriebsqualität entsprechend nur geringer verbessert werden würde.

Der Funktionsablauf des zweiten Teilprozesses ist in Abbildung 14 dargestellt und basiert auf drei grundlegenden Überlegungen:

- Gewährleisten einer nachhaltigen verbesserten Betriebsqualität durch Realisierung eines rollierenden Zeithorizonts (siehe Abschnitt 3.1.1)
- Erhöhen der Robustheit der generierten Dispositionslösungen durch Einbindung der betrieblichen Risikoklassifizierung der Blockabschnitte (siehe Abschnitt 3.1.2)
- Schnelle Generierung der Dispositionslösungen, um einen Praxiseinsatz zu ermöglichen (siehe Abschnitt 3.1.3)

3.1.1 Realisierung eines rollierenden Zeithorizonts

Um eine positive Wirkung der anhand des Algorithmus gefundenen Dispositionsmaßnahmen auf die Betriebsqualität nicht nur kurzfristig, sondern nachhaltig zu gewährleisten, werden dispositive Lösungen innerhalb des Untersuchungszeitraums zeitgesteuert quasikontinuierlich generiert. Da der reale Eisenbahnbetriebsablauf einen dynamischen Prozess beschreibt und als solcher nur äußerst aufwendig abzubilden wäre, erfolgt im ersten Arbeitsschritt eine Aufteilung des Untersuchungszeitraums in einzelne Abschnitte, wodurch das dynamische Dispositionsproblem als Zusammenfassung beliebig vieler statischer Teildispositionsprobleme angesehen werden kann und es dem Anwender in der Folge ermöglicht wird, statische Dispositionsmethoden anzuwenden (s.a. (Brotcorne, Lepaul und von Niederhäusern 2021)). Bei der Bildung dieser Zeitabschnitte, die Prognosehorizonte genannt werden und im Sinne einer Vergleichbarkeit der Betriebsqualität infolge der generierten Dispositionslösungen sowie einer einfachen Handhabung des Modellansatzes möglichst gleichgroß gewählt werden sollten, ist eine dem Anwendungsfall angemessene Zeitdauer auszuwählen. Die Prognosehorizonte ihrerseits setzen sich aus jeweils gleichgroßen Dispositionsintervallen zusammen, die ebenfalls gemäß dem Anwendungsfall zu dimensionieren sind. Die prinzipielle Anordnung von Dispositionsintervallen und Prognosehorizonten ist in Abbildung 15 schematisch dargestellt. Dabei überlappen sich zwei aufeinanderfolgende Prognosehorizonte, wobei stets nur das erste Dispositionsintervall des vorangehenden Prognosehorizonts sowie das letzte Dispositionsintervall des nachfolgenden Prognosehorizonts keine Bestandteile der Schnittmenge sind. Durch diese Unterteilung des Untersuchungszeitraums können die dispositiven Lösungen für die Dauer eines gesamten Prognosehorizonts im Betriebsablauf generiert werden, wobei sie jedoch zunächst nur für die Dauer des jeweils ersten Dispositionsintervalls Anwendung finden. Mit Ablauf dessen werden bei Bedarf für die Dauer des folgenden Prognosehorizonts neue Maßnahmen ermittelt, die ihrerseits nur ein Dispositionsintervall lang angewendet werden. Hierdurch stellt der Modellansatz eine zeitlich nachhaltige Wirkung der ermittelten dispositiven Lösungen sicher, indem nicht nur gegenwärtige Konflikte, die ansonsten u.U. zu Lasten des späteren Betriebsablaufs gelöst werden würden, sondern auch potentiell künftig auftretende Einflüsse betrachtet werden. Zum anderen werden die gefundenen Lösungen regelmäßig auf ihre Wirksamkeit hin neu überprüft, weshalb der jeweils aktuelle betriebliche Zustand als Eingangsgröße für die neuerliche Maßnahmensuche dient und so die Qualität der generierten Lösungen verbessert werden kann (Tideman, Martin und Zhao 2018).

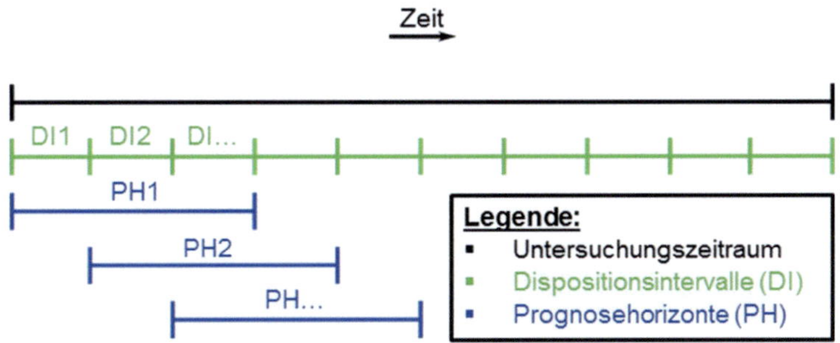

Abbildung 15: **Exemplarische schematische Darstellung der Zeitabschnitte**

3.1.2 Risikoorientierte Konflikterkennung

Zu Beginn eines jeden neuen Zeitabschnitts wird der für den aktuellen Prognosehorizont vorgesehene Betriebsablauf hinsichtlich potentieller Konflikte überprüft, worunter

Überlappungen von Sperrzeiten mehrerer Zugfahrten auf einem oder mehreren Blockabschnitten zu verstehen sind (s.a. (Hansen und Pachl 2014)). Um die Konflikterkennung realitätsnäher auszugestalten, werden nicht die statischen Belegungszeiten des Fahrplans zugrunde gelegt, sondern diese risikoorientiert verlängert. Hierbei wird analog zu Abschnitt 2.2.2 je nach Charakteristik des Blockabschnitts auf die vier Störungstypen Einbruchsverspätung, Fahrzeitverlängerung, Haltezeitverlängerung und/oder Abfahrtszeitüberschreitung zurückgegriffen. Diese zusätzlichen Zeitanteile werden dabei nicht pauschal addiert, sondern stehen in Abhängigkeit zum betrieblichen Risikolevel des jeweiligen Blockabschnitts. Dabei werden für Blockabschnitte mit höherem Risikolevel größere Zeitaufschläge gewählt, wohingegen Zugläufe im Bereich von Blockabschnitten mit niedrigerem Risikolevel nur geringfügig zeitlich verlängert werden. Auf diese Weise soll proaktiv auf weitere Störereignisse Rücksicht genommen werden, da die negativen Auswirkungen von Störungen auf Blockabschnitten mit höherem Risikolevel auf die Betriebsqualität deutlich stärker ausfallen. Indem daran anknüpfend bei der Konflikterkennung von vornherein die Belegungszeiten entsprechend länger gewählt werden, werden künftige Störungen bereits implizit mitberücksichtigt, wodurch neuerliche dispositive Handlungen minimiert oder gar vermieden werden können.

Zu diesem Zweck ist es notwendig einen mathematischen Zusammenhang zwischen dem betrieblichen Risikolevel (L) eines Blockabschnitts und dem jeweils zusätzlich aufzubringenden Zeitaufschlag (x) zu formulieren. Da dieser Zusammenhang jedoch nicht pauschal erfolgen, sondern sich an geeigneten Störungsverteilungen orientieren können soll, wird als Verknüpfung eine kumulative Verteilungsfunktion als Ausdruck für künftige Störungen (P(x)) genutzt. Die entwickelte Logik gewährleistet dabei eine Verwendbarkeit beliebiger Verteilungen. Im Rahmen der Algorithmusentwicklung wurde beispielsweise die integrierte Wahrscheinlichkeitsverteilungsfunktion der negativen Exponentialverteilung (F(x), mit $\beta = 10\,\mathrm{min}$) genutzt, anhand derer der mathematische Zusammenhang im Folgenden erläutert wird. Es ergibt sich zunächst der in Formel 11 gezeigte Zusammenhang, der durch Abbildung 16 zudem veranschaulicht wird.

$$P(x) = F(x) = \int_0^x (0{,}1 \cdot e^{-x/10})\,dx = 1 - e^{-x/10}, \; x \geq 0 \tag{11}$$

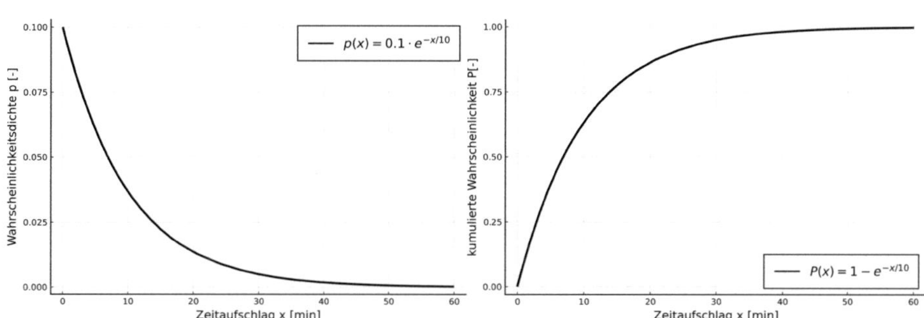

Abbildung 16:   Wahrscheinlichkeits- und kumulierte Wahrscheinlichkeitsverteilungsfunktion

Da jedoch der aufzubringende Zeitzuschlag im Fokus des Interesses steht, wird Formel 11 invertiert und es ergibt sich Formel 12, deren Funktionsgraph zudem in Abbildung 17 visualisiert ist.

$$x = F^{-1}(P) = -10 \cdot \ln(1 - P) \tag{12}$$

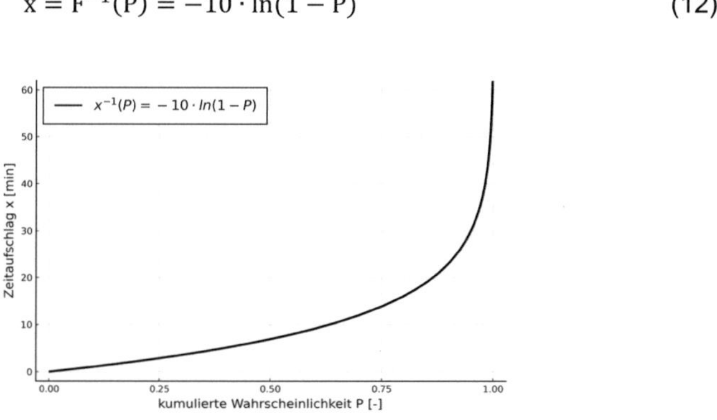

Abbildung 17:   Invertierte kumulierte Wahrscheinlichkeitsverteilungsfunktion

Unter der Annahme eines linearen Zusammenhangs zwischen P und L ergibt sich auf Basis des Minimum-Maximum-Normierungsverfahrens (vgl. (Gajera et al. 2016)) Formel 13. An dieser Stelle sei angemerkt, dass sich die Werte für den betrieblichen Risikolevel aus der betrieblichen Risikoanalyse (vgl. Abschnitt 2.2) ergeben. Die Werte für P_{max} und P_{min} sind vom Anwender gemäß dem Anwendungsfall vorzugeben, wobei der zulässige Wertebereich die Werte von 0 bis 1 umfasst.

$$P = \frac{P_{max} - P_{min}}{L_{max} - L_{min}} (L - L_{min}) + P_{min}, \quad L_{min} \leq L \leq L_{max}, \quad L \in N \qquad (13)$$

Mit

P_{max}	Maximalwert der Eintrittswahrscheinlichkeit künftiger Störungen in Abhängigkeit von der Störungsverteilung
P_{min}	Minimalwert der Eintrittswahrscheinlichkeit künftiger Störungen in Abhängigkeit von der Störungsverteilung
L_{max}	Maximalwert des betrieblichen Risikolevels
L_{min}	Minimalwert des betrieblichen Risikolevels

Zu Veranschaulichungszwecken werden nachstehend folgende Werte angenommen und in Formel 13 eingesetzt, sodass sich letztlich der in Formel 14 dargestellte und in Abbildung 18 visualisierte mathematische Zusammenhang zwischen dem betrieblichen Risikolevel (P) und dem aufzubringenden Zeitaufschlag (x) ergibt.

- $P_{max} = 0{,}95$
- $P_{min} = 0{,}05$
- $L_{max} = 5$
- $L_{min} = 1$

$$x = -10 \cdot \ln[1 - (0.225L - 0.175)], \, 1 \leq L \leq 5, L \in N \qquad (14)$$

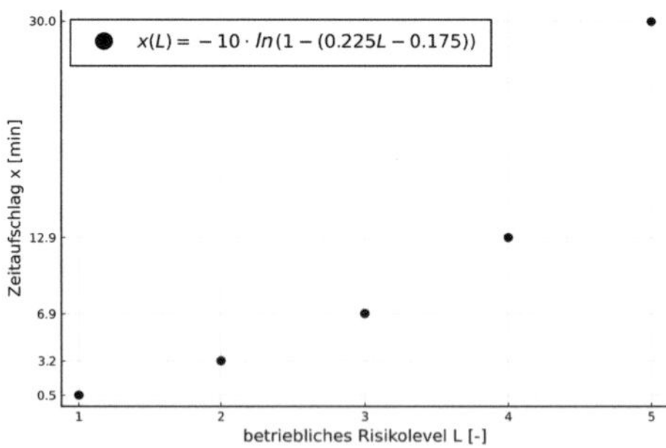

Abbildung 18:　Invertierte kumulierte Wahrscheinlichkeitsverteilungsfunktion

Für die Konflikterkennung an sich wird der Basisfahrplan anschließend um die entsprechenden Zeitaufschläge modifiziert und mithilfe der Software RailSys simuliert.

Aus dem Simulationsprotokoll kann in der Folge automatisiert entnommen werden, ob Sperrzeitenkonflikte aufgetreten sind.

3.1.3 Generierung dispositiver Maßnahmen innerhalb eines Zeitabschnitts

Für den Fall, dass bei der risikoorientierten Konflikterkennung keine Konflikte identifiziert werden, wird der Basisfahrplan bis zum Beginn des nächsten Zeitabschnitts beibehalten. Werden hingegen Konflikte identifiziert, so wird zu Beginn des aktuellen Zeitabschnitts eine Dispositionslösung durch den Algorithmus generiert. Dabei kann er leichte Konflikte durch Zeitenanpassungen lösen, wohingegen größere Konflikte durch eine Anpassung der Zugreihenfolge an geeigneten Stellen im Untersuchungsraum, bspw. an Ausweichstellen oder Einfädelungspunkten, gelöst werden. Die Einstufung der Konflikte in leicht und schwer erfolgt anhand eines vom Anwender definierten Schwellenwerts für den Zielindikator, bspw. die gesamte gewichtete Wartezeit.

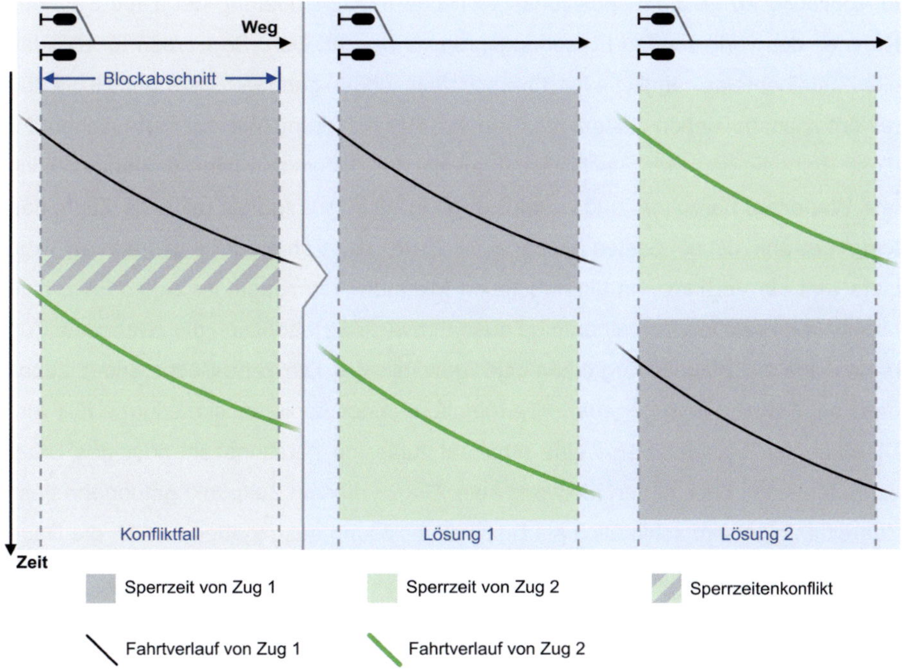

Abbildung 19:   Lösungsstrategien bei Sperrzeitenkonflikten

In Abbildung 19 werden die beiden Lösungsstrategien grafisch dargestellt. So kann eine konfliktbehaftete Zugfolge (links, Konfliktfall) entweder durch eine Reihenfolgeanpassung (rechts, Lösung 2) oder durch eine Zeitenanpassung (mittig, Lösung 1) beseitigt werden. Bei Letzterer wird schlicht der Zuglauf des nachfolgenden Zuges um den notwendigen Zeitbetrag verspätet, um den Sperrzeitenkonflikt zu beheben.

Eine Anpassung der Zugreihenfolge ist hingegen sowohl in der Lösungsgenerierung als auch in der betrieblichen Umsetzung aufwendiger. Um einen Einsatz des entwickelten Algorithmus in der dispositiven Praxis zu unterstützen, kommt einer schnellen Rechenzeit für die Ermittlung der Dispositionsmaßnahmen eine hohe Bedeutung zu, weshalb sich der Dispositionsalgorithmus eines heuristischen Verfahrens bedient. Konkret wird diesbezüglich auf die Tabu-Suche zurückgegriffen (Glover und Laguna 1997).

In Abbildung 20 ist die dispositionsspezifische Implementierung der Tabu-Suche im Rahmen des vorliegenden Forschungsprojekts beschrieben. So werden für die aktuelle Zugreihenfolge sämtliche Nachbarschaftslösungen generiert. Dies sind all die Zugreihenfolgen, bei denen exakt zwei Züge ihre Positionierung miteinandertauschen. Für diese Reihenfolgen wird anschließend jeweils die Zielfunktion (hier: gesamte gewichtete Wartezeit) berechnet und es wird diejenige Reihenfolge als „aktuelle Zugreihenfolge" gewählt, die am besten abschneidet. Durch das Führen der sogenannten Tabu-Liste wird ein Verharren in einem lokalen Minimum vermieden, indem im Falle einer bereits vorhandenen Zugreihenfolge ausnahmsweise stattdessen die zweitbeste Zugreihenfolge als „aktuelle Zugreihenfolge" gewählt wird. Die Tabu-Suche endet, sobald das vom Anwender vorgegebene Terminations- oder Aspirationskriterium erfüllt wird. Dies könnten beispielsweise eine maximal zulässige Iterationszahl oder das Unterschreiten eines bestimmten Zielwerts sein. Die zu diesem Zeitpunkt gefundene beste Zugreihenfolge wird schließlich als Dispositionslösung ausgegeben und für die Dauer des aktuellen Dispositionsintervalls im Betriebsablauf umgesetzt.

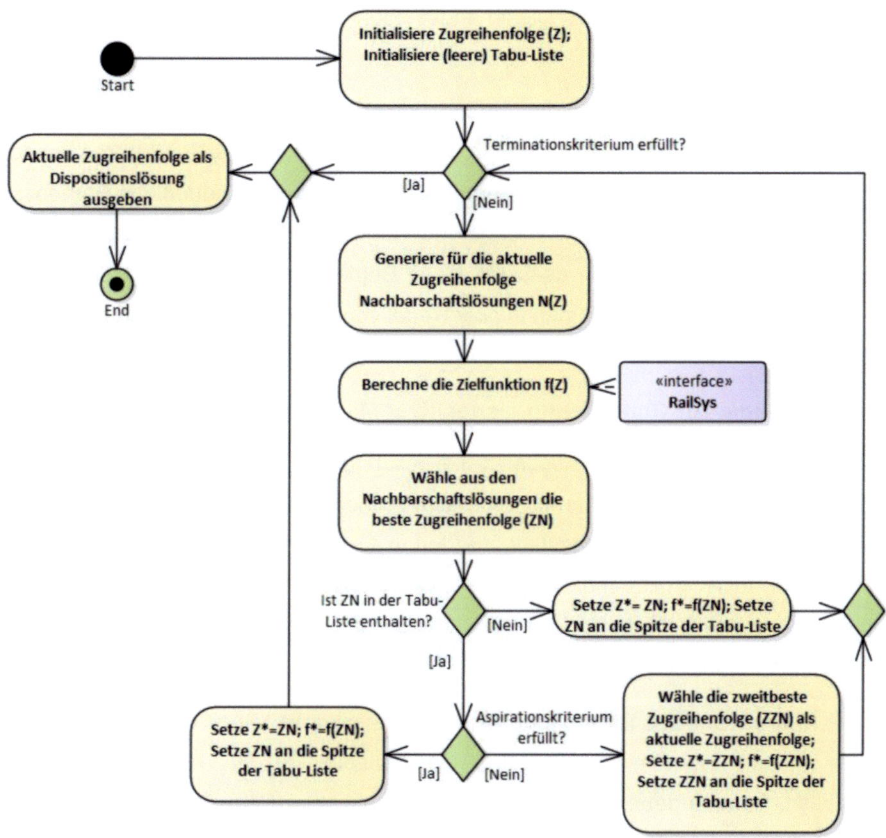

Abbildung 20: Funktionsablauf der Generierung dispositiver Maßnahmen innerhalb eines Zeitabschnitts

3.1.4   Durchführen des Betriebsablaufs

Sofern im Rahmen der Konflikterkennung keine Konflikte identifiziert werden, wird der Basisfahrplan beibehalten und im Betriebsablauf bis zum Beginn des nächsten Zeitabschnitts angewendet. Andernfalls wird die Dispositionslösung (siehe Abschnitt 3.1.3) ebenfalls nur bis zum Beginn des nächsten Zeitabschnitts umgesetzt, obwohl sie für die Dauer des gesamten Prognosehorizonts generiert wird. Hierdurch soll auf etwaige neue Störereignisse reagiert sowie die gefunden Dispositionslösung hinsichtlich ihrer Wirksamkeit überprüft werden können. Zu Beginn des nächsten Zeitabschnitts wird die risikoorientierte Konfliktorientierung neuerlich durchgeführt und der Funktionsablauf gemäß Abbildung 14 fortgesetzt. Dieser endet, sobald der Untersuchungszeitraum beendet ist.

Da im Rahmen der Entwicklung des Algorithmus nicht auf einen realen Eisenbahnbetriebsablauf zurückgegriffen, sondern das in Abschnitt 1.2 vorgestellte Referenzmodell genutzt wird, tritt anstelle der realen Betriebsdurchführung eine neuerliche Betriebssimulation, die mit realitätsnahen Störungen überlagert wird. Auf diese Weise wird dem Umstand Rechnung getragen, dass ein realer Betriebsablauf auch nach der Anordnung von dispositiven Maßnahmen in aller Regel von weiteren Störereignissen betroffen ist.

3.2 Fallstudie zur Generierung dispositiver Maßnahmen

Um die im vorangegangenen Abschnitt 3.1 beschriebene Funktionsweise der Generierung dispositiver Maßnahmen zu veranschaulichen, werden nachstehend Erkenntnisse aus einer Fallstudie vorgestellt, die den in Abschnitt 1.2 vorgestellten Untersuchungsraum nutzt. Im Rahmen der Fallstudie wird ein Basisfahrplan genutzt, der innerhalb von sechs Betriebsstunden 18 Güterzug-, zwölf Nahverkehrszug- und sechs Fernverkehrszugfahrten umfasst.

Für die Realisierung des rollierenden Zeithorizonts wird die Länge eines Prognosehorizonts auf zwei Stunden und die Länge eines Dispositionsintervalls auf 30 Minuten festgesetzt. Somit ergeben sich zwölf Prognosehorizonte (PH), deren Beginn jeweils mit dem Beginn eines Dispositionsintervalls (DI) zusammenfällt:

- PH0: Beginn um 0:00, Ende um 2:00
  - DI0: Beginn um 0:00, Ende um 0:30
- PH1: Beginn um 0:30, Ende um 2:30
  - DI1: Beginn um 0:30, Ende um 1:00
- PH2: Beginn um 1:00, Ende um 3:00
  - DI2: Beginn um 1:00, Ende um 1:30
- …
- PH10: Beginn um 5:00, Ende um 7:00
  - DI10: Beginn um 5:00, Ende um 5:30
- PH11: Beginn um 5:30, Ende um 7:30
  - DI11: Beginn um 5:30, Ende um 6:00

Zu Beginn eines neuen Zeitabschnitts wird die in Abschnitt 3.1.2 erläuterte risikoorientierte Konflikterkennung durchgeführt, bei der die Belegungszeiten der Züge auf den Blockabschnitten in Abhängigkeit von deren Risikolevels künstlich verlängert wird. Hierbei fließt als zentrales Ergebnis der betrieblichen Risikoanalyse die betriebliche Risikokarte (Abbildung 12) ein, die die Einteilung der 35 Blockabschnitte des Untersuchungsraums in fünf Risikolevels zeigt. Davon ausgehend wird mit Formel 13 (unter der Annahme von $P_{max} = 0{,}6$ und $P_{min} = 0{,}05$) die vom Zugtyp und Risikolevel abhängenden Zeitaufschläge berechnet.

Diese sind in Tabelle 3 zusammengefasst, wobei nur die Fahrzeitverlängerung auf alle Blockabschnitte zutrifft. Einbruchsverspätungen wirken hingegen nur auf den jeweils ersten Blockabschnitt des Untersuchungsraums, wohingegen Haltezeitverlängerungen sowie Abfahrtszeitüberschreitungen nur in Blockabschnitten mit planmäßigen Zughalten auftreten können. Um diese Zeitaufschläge werden die im Basisfahrplan bzw. Dispositionsfahrplan vorgesehenen Belegungszeiten der Züge auf den Blockabschnitten jeweils verlängert, sodass anschließend der auf diese Weise modifizierte Fahrplan in RailSys simuliert werden und etwaige Sperrzeitenkonflikte identifiziert werden können. Immer wenn keine Konflikte vorhanden sind, wird die Generierung dispositiver Maßnahmen für den aktuellen Zeitabschnitt übersprungen. Falls allerdings Konflikte vorliegen, ist die zu Beginn des Abschnitts 3.1.3 beschriebene Unterscheidung in leichte und größere Konflikte vorzunehmen.

Im Zuge der Fallstudie wird als diesbezüglicher Schwellenwert für die gesamte gewichtete Wartezeit fünf Minuten gewählt. Wird dieser Schwellenwert auf dem jeweils betrachteten Blockabschnitt unterschritten, so werden die Konflikte durch eine Zeitenanpassung gelöst, wohingegen ab dem Schwellenwert eine nahezu-optimale Zugreihenfolge mithilfe der Tabu-Suche ermittelt wird. Dabei wird als Aspirationskriterium festgelegt, dass die resultierende gesamte gewichtete Wartezeit (Zielfunktion) kleiner als zwei Minuten wird und es werden 30 Iterationsschritte als Terminationskriterium gewählt. Dies bedeutet, dass diejenige Zugreihenfolge als Dispositionslösung ausgegeben wird, die entweder nach 30 Iterationen sich als (bislang) beste Reihenfolge ergibt oder die erstmalig zum Unterschreiten der zwei Minuten an gesamter gewichteter Wartezeit führt.

Betriebliches Risikolevel	Zugtyp	Einbruchsverspätung [min]	Abfahrtszeitüberschreitung [min]	Fahrzeitverlängerung [min]	Haltezeitverlängerung [min]
1		0,26	0,05	0,05	0,05
2		1,04	0,21	0,21	0,21
3	Fernverkehrszug	1,97	0,39	0,39	0,39
4		3,1	0,62	0,62	0,62
5		4,58	0,92	0,92	0,92
1		0,1	0,05	0,05	0,03
2		0,42	0,21	0,21	0,1
3	Nahverkehrszug	0,79	0,39	0,39	0,2
4		1,24	0,62	0,62	0,31
5		1,83	0,92	0,92	0,46
1		1,03	0,26	0,51	0,26
2		4,15	1,04	2,08	1,04
3	Güterzug	7,86	1,97	3,93	1,97
4		12,42	3,1	6,21	3,1
5		18,33	4,58	9,16	4,58

Tabelle 3: **Zugtyp- und Risikolevel-spezifische Zeitaufschläge für die Konflikterkennung im Rahmen der Fallstudie**

Zur Verdeutlichung der Vorgehensweise werden exemplarisch die Blockabschnitte 3, 8 und 18 für den Prognosehorizont PH0 betrachtet:

- Blockabschnitt 3: Die Konflikterkennung ergibt mit 3,1 Minuten eine gesamte gewichtete Wartezeit, die unterhalb des Schwellenwerts von fünf Minuten liegt, sodass der Konflikt durch eine Zeitenanpassung gelöst werden kann.
- Blockabschnitt 8: Es liegt ein größerer Konflikt vor, sodass der Dispositionsalgorithmus anhand der Tabu-Suche eine neue Zugreihenfolge für die Züge mit den Nummern 1, 7, 10 und 28 generiert. Die hierzu durchgeführten Iterationen sind in Tabelle 4 sowie in Abbildung 21 exemplarisch wiedergegeben. Darin ist

zu erkennen, dass der Algorithmus bereits nach sechs Iterationsschritten das Aspirationskriterium erfüllt ($f(Z) = 1{,}2\text{min} < 2\text{min}$).

- Blockabschnitt 18: Es liegt kein Konflikt vor, sodass keine Dispositionsmaßnahmen getroffen werden.

Iterations-schritt	Wert der Zielfunktion f(Z) [min]	Zugreihenfolge
1	6,5	Zug 7 – Zug 1 – Zug 10 – Zug 28 → Startlösung
2	4,5	Zug 7 – Zug 1 – Zug 28 – Zug 10
3	6,0	Zug 7 – Zug 10 – Zug 28 – Zug 1
4	5,9	Zug 10 – Zug 7 – Zug 28 – Zug 1
5	2,9	Zug 1 – Zug 7 – Zug 28 – Zug 10
6	1,2	Zug 1 – Zug 28 – Zug 7 – Zug 10 → Dispositionslösung

Tabelle 4: Iterationsschritte der Tabu-Suche für Blockabschnitt 8 in PH0 im Rahmen der Fallstudie

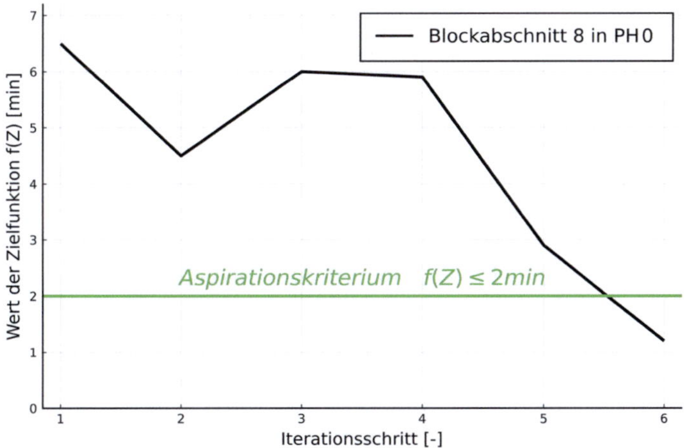

Abbildung 21: Iterationsschritte der Tabu-Suche für Blockabschnitt 8 in PH0 im Rahmen der Fallstudie

Wie in Abschnitt 3.1.4 ausgeführt wird die Dispositionslösung im Zuge der Algorithmusentwicklung im Referenzmodell simuliert und mit moderaten zufälligen Störereignissen überlagert. Diese werden für die Fallstudie unter Anwendung der Monte-Carlo-Methode basierend auf der negativen Exponentialverteilung und den in Tabelle 2 angegebenen Parameterwerten generiert, sodass der in RailSys simulierte Betriebsablauf realitätsnahe Abweichungen bis zum Beginn des folgenden Zeitabschnitts erfährt. Zu diesem Zeitpunkt setzt die risikoorientierte Konflikterkennung neuerlich an und der Funktionsablauf des Algorithmus wiederholt sich bis zum Erreichen des Untersuchungszeitraumsende (Zeitpunkt 6:00). In der nachstehenden Tabelle 5 wird abschließend ein Überblick über die in den Dispositionsintervallen angeordneten dispositiven Maßnahmen gegeben. Es fällt dabei auf, dass der Algorithmus in sieben der zwölf Dispositionsintervalle keine dispositiven Maßnahmen anordnen muss. Daraus kann geschlossen werden, dass die Dispositionslösungen früherer Zeitabschnitte wie gewünscht nicht nur unmittelbar, sondern auch mittelfristig Wirkung entfalten.

Dispositions-intervall (DI)	Zeitpunkt Beginn	Zeitpunkt Ende	Dispositive Maßnahmen
DI0	0:00	0:30	Reihenfolgenanpassung
DI1	0:30	1:00	Keine
DI2	1:00	1:30	Keine
DI3	1:30	2:00	Zeitenanpassung
DI4	2:00	2:30	Reihenfolgenanpassung
DI5	2:30	3:00	Keine
DI6	3:00	3:30	Keine
DI7	3:30	4:00	Keine
DI8	4:00	4:30	Reihenfolgenanpassung
DI9	4:30	5:00	Zeitenanpassung
DI10	5:00	5:30	Keine
DI11	5:30	6:00	Keine

Tabelle 5:   **Dispositive Maßnahmen je Dispositionsintervall im Rahmen der Fallstudie**

4 Sensitivitätsanalysen, Parameterbestimmungen und Bewertung

4.1 Sensitivitätsanalysen

Einer der wesentlichen Vorteile des im vorliegenden Forschungsprojekts entwickelten Dispositionsalgorithmus ist dessen Anwendbarkeit für beliebige Eisenbahnnetze und beliebige Betriebsprogramme. Aus diesem Grund ist eine genaue Kenntnis hinsichtlich der Empfindlichkeit des Algorithmus hinsichtlich variierender Eingangsparameter von Bedeutung.

4.1.1 Betriebliche Risikoanalyse

Zur Untersuchung des Einflusses verschiedener Basisfahrpläne und unterschiedlicherer Störeinflüsse auf die betriebliche Risikoanalyse wurden der Einfluss der Verteilungsfunktion im Rahmen der Abbildung betrieblicher Störungen, verschiedener Verkehrsstärken im Untersuchungsraum sowie unterschiedlicher Güterzuganteile am Zugmix analysiert. Die Erkenntnisse hierzu können der in Abschnitt 2.3 vorgestellten Fallstudie entnommen werden.

4.1.2 Generierung von Dispositionsmaßnahmen

Bei einer Anwendung des in Abschnitt 3.1 erläuterten Funktionsablaufs der Generierung von Dispositionsmaßnahmen sind zahlreiche Parameter durch den Anwender vorzugeben. Damit der Algorithmus seine volle Wirkung entfalten und entsprechend qualitative Dispositionslösungen identifizieren kann, stellen die Eingangsparameter eine wichtige Grundlage dar. Deshalb wird im Folgenden der Einfluss der Größe der Zeitabschnitte (Dispositionsintervalle und Prognosehorizonte), der Eintrittswahrscheinlichkeit künftiger Störungen sowie der zulässigen Iterationsschritte bei der Tabu-Suche auf die Disposition analysiert.

4.1.2.1 Einfluss der Größe der Zeitabschnitte

Um eine zeitlich nachhaltige Wirkung der vom Algorithmus generierten Dispositionslösungen sicherzustellen, wird der Untersuchungszeitraum gemäß Abschnitt 3.1.1 in Prognosehorizonte und Dispositionsintervalle zur Realisierung eines rollierenden Zeithorizonts eingeteilt. Während der Prognosehorizont denjenigen Zeitabschnitt beschreibt, für dessen Dauer Sperrzeitenkonflikte gesucht und bei Bedarf gelöst werden, umfasst ein Dispositionsintervall den Zeitabschnitt, für den die gefundenen Dispositionsmaßnahmen tatsächlich Anwendung finden, ehe eine neuerliche Konflikterkennung für den nächsten Prognosehorizont durchgeführt wird. Bei beiden Parametern ist dabei sicherzustellen, dass sie weder zu groß noch zu klein gewählt werden, um die nachstehenden Nachteile zu vermeiden:

- Ein zu großer Prognosehorizont würde die Komplexität des Dispositionsproblems steigern und in Abhängigkeit vom Anwendungsfall zu einem unverhältnismäßig großen Berechnungsaufwand führen, wodurch ein Online-Einsatz im realen Betriebsablauf eingeschränkt werden würde.
- Ein zu kleiner Prognosehorizont würde hingegen kurzfristige Probleme mangels Kenntnis des längerfristigen Betriebsgeschehens zu Lasten späterer Zugfahrten lösen, woraus eine insgesamt verschlechterte Betriebsqualität resultieren würde. Zudem können im Falle von eingleisigen Streckenabschnitten ausweglose Situationen in Form von Deadlocks entstehen.
- Ein zu großes Dispositionsintervall würde zu seltener stattfindenden Konflikterkennungen führen, wodurch problematische Betriebssituationen mitunter nicht rechtzeitig erkannt werden würden.
- Ein zu kleines Dispositionsintervall hingegen würde den Rechenaufwand spürbar erhöhen, indem der Dispositionsprozess unnötig früh wieder angestoßen werden würde.

Da die Länge der Prognosehorizonte stets ein Vielfaches der Länge der Dispositionsintervalle sein soll und die Prognosehorizonte wiederum maximal die Länge des gesamten Untersuchungszeitraums einnehmen können, werden folgende Kombinationen der beiden Paramater bei ansonsten gleichen Randbedingungen getestet:

- Für die Länge eines Prognosehorizonts (PH) werden folgende Anteile des Untersuchungszeitraums (T_U) gewählt: 10%, 20%, 30%, 40%, 50%, 60%, 70%, 80%, 90% und 100%
- Für die Länge eines Dispositionsintervalls (DI) werden folgende Anteile der jeweiligen Dauer eines Prognosehorizonts gewählt: 5%, 10%, 20%, 25% und 50%.

Für alle sich daraus ergebenden Kombinationen werden zu Vergleichszwecken die Indikatoren gesamte gewichtete Wartezeit, Anzahl relativen Umordnens sowie mittlere Zeitenanpassung berechnet.

Generell kann dabei festgestellt werden, dass bei gleichbleibender Prognosehorizontlänge die gesamte gewichtete Wartezeit mit abnehmender Dispositionsintervalllänge erwartungsgemäß sinkt, woraus geschlossen werden kann, dass künftige Konflikte frühzeitig erkannt und durch geeignete Maßnahmen rechtzeitig in ihrer Wirkung gemildert werden können. Wird hingegen die Dispositionsintervalllänge nicht verändert, sondern lediglich die Länge der Prognosehorizonte, so sinkt bei deren Zunahme die gesamte gewichtete Wartezeit. Die detaillierten Untersuchungsergebnisse sind in Abbildung 22 dargestellt, die die eben genannten generellen Erkenntnisse grafisch bestätigt. Zudem kann der Abbildung entnommen werden, dass der Einfluss des Dispositionsintervalls bei größeren Prognosehorizonten deutlich abnimmt.

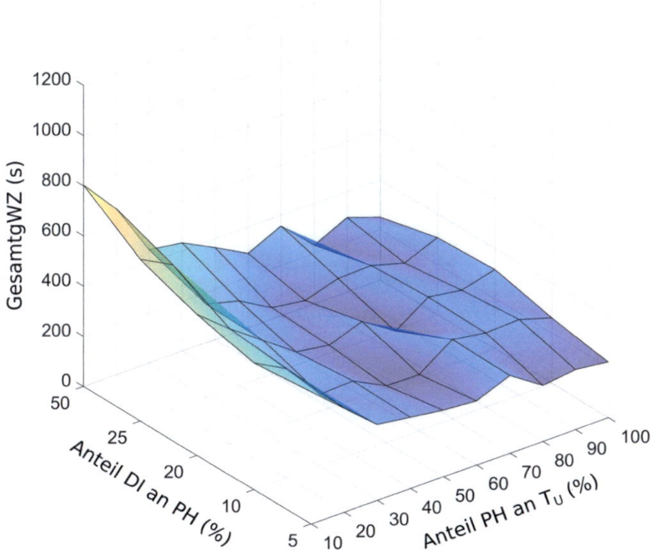

Abbildung 22:   Abhängigkeit der gesamten gewichteten Wartezeit von den Zeitabschnittslängen

Für den Fall, dass der Berechnungsaufwand keine Restriktion darstellt, wären somit große Prognosehorizontlängen bei kleinen Dispositionsintervallen erstrebenswert. Jedoch wurde bei Durchführung dieser Analyse festgestellt, dass sich als Länge für den

Prognosehorizont 30-40% des Untersuchungszeitraums und als Länge für ein Dispositionsintervall wiederum 20-25% eines Prognosehorizonts unter dem Aspekt eines vertretbaren Rechenaufwands[2] zur Gewährleistung eines Echtzeiteinsatzes empfiehlt.

Analog zur Untersuchung des Zusammenhangs zwischen der gesamten gewichteten Wartezeit und den Zeitabschnittslängen wurde dieser auch für die Anzahl relativen Umordnens sowie die mittlere Zeitenanpassung analysiert.

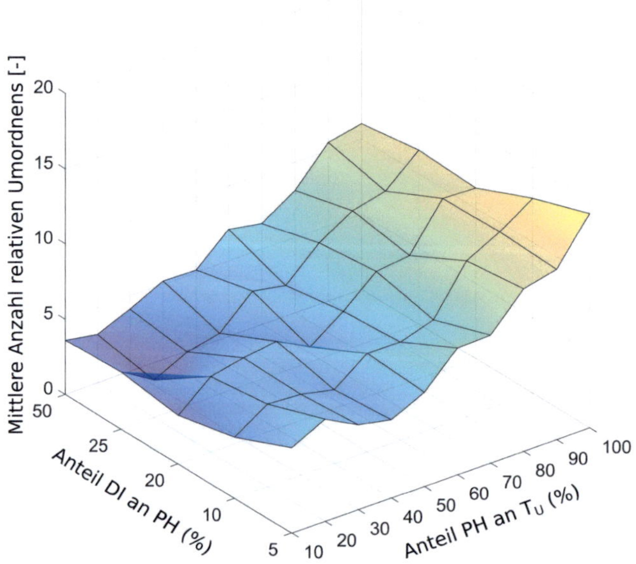

Abbildung 23: Abhängigkeit der Anzahl relativen Umordnens von den Zeitabschnittslängen

Dabei beschreibt die Anzahl relativen Umordnens die Anzahl an Zügen, deren Position sich in der Reihenfolge der Zugfahrten im Vergleich zum Basis- bzw. Dispositionsfahrplan des unmittelbar vorangegangenen Zeitabschnitts geändert hat. Es gilt somit, dass mit zunehmender Größe dieses Indikators die Reihenfolge von zunehmend vielen Zü-

---

[2] Der Algorithmus wurde in C# in Microsoft Visual Studio 2015 unter Einbindung von RailSys 7 auf einem Fujitsu-Computer (Intel Core i5-4670 CPU @ 3.40GHz, 8.00 GB RAM) realisiert und getestet. Für das Referenzmodell ergaben sich 4,2h Berechnungsdauer für die offline-stattfindende betriebliche Risikoanalyse und 20s für die online-stattfindende Generierung der dispositiven Maßnahmen je Zeitabschnitt.

gen geändert werden muss, wodurch der Betriebsablauf größeren Abweichungen unterliegt. Ein niedriger Wert des Indikators ist somit erstrebenswert und steht stellvertretend für einen robusten Betriebsablauf. In Abbildung 23 sind die diesbezüglichen Untersuchungsergebnisse gemittelt über alle Zeitabschnitte dargestellt:

- Es ist zu erkennen, dass bei gleichbleibender Prognosehorizontlänge die Anzahl relativen Umordnens mit sinkender Dispositionsintervalllänge nur moderat abnimmt. Es ist also davon auszugehen, dass die Häufigkeit der Konflikterkennung nahezu keinen Einfluss auf die notwendige Anzahl an Reihenfolgeanpassungen der Zugläufe hat.

- Wird hingegen die Dispositionsintervalllänge konstant gehalten und die Länge der Prognosehorizonte variiert, so steigt mit zunehmender Größe auch die Anzahl relativen Umordnens. Dies ist darauf zurückzuführen, dass durch die Berücksichtigung eines längeren Zeitraums bei der Dispositionslösungsgenerierung automatisch mehr Zugläufe betrachtet werden und insbesondere für zeitlich später stattfindende Zugläufe künftige Störereignisse zu neuerlichen Dispositionshandlungen führen.

- Der zuvor genannte Zusammenhang gilt auch bei sich ändernder Länge des Dispositionsintervalls, wodurch die Bedeutung der Länge des Prognosehorizonts nochmals gesteigert wird.

Wird hingegen die mittlere Zeitenanpassung betrachtet, so stehen die mittleren Zeitunterschiede der Zugläufe zwischen dem geplanten Basisfahrplan und den Dispositionsfahrplänen im Fokus des Interesses (Quaglietta, Corman und Goverde 2013). Die mittlere Zeitenanpassung (mZA) berechnet sich dabei gemäß Formel 15.

$$mZA(t) = \frac{1}{M} \sum_{i=1}^{M} \left| t - \tau_{i,Position}(t) \right| \tag{15}$$

Mit

t	Zeitpunkt
M	Gesamtzahl an Zugläufen zum Zeitpunkt t
$\tau_{i,Position}(t)$	Durchfahrtszeit des Zuges i an der jeweiligen im Basis-Fahrplan vorgesehenen Position

Im Gegensatz zu den Erkenntnissen bezüglich der gesamten gewichteten Wartezeit sowie der Anzahl relativen Umordnens hat eine Variation der Zeitabschnittslängen nahezu keinen Einfluss auf die mittlere Zeitenanpassung, wie Abbildung 24 entnommen werden kann. Somit scheinen sich die zeitlichen Abweichungen zwischen den Zugläufen gemäß Basisfahrplan und denen der Dispositionsfahrpläne unabhängig von der Dauer der Prognosehorizonte sowie Dispositionsintervalle zu ergeben.

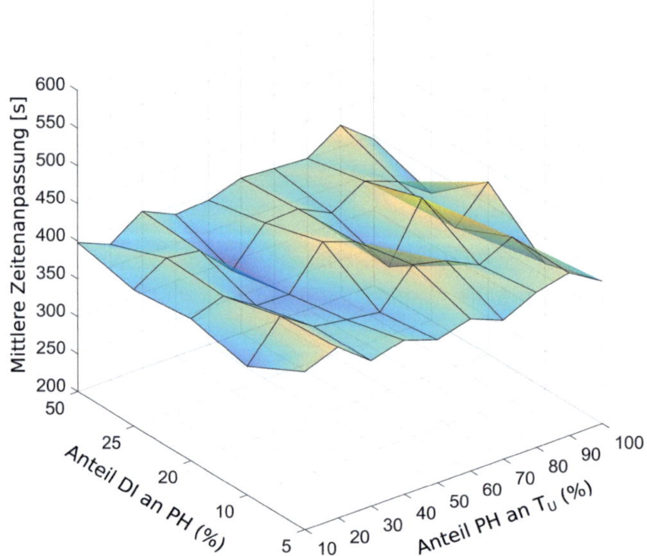

Abbildung 24:   Abhängigkeit der mittleren Zeitenanpassung von den Zeitabschnittslängen

4.1.2.2   Einfluss der Eintrittswahrscheinlichkeit künftiger Störungen

Über die in Abschnitt 3.1.2 eingeführten Parameter P_{max} und P_{min}, die den Maximal- bzw. Minimalwert der Eintrittswahrscheinlichkeit künftiger Störungen in Abhängigkeit von der Störungsverteilung im Zuge der risikoorientierten Konflikterkennung beschreiben, kann die Höhe der Zeitaufschläge für die Zugläufe gemäß dem betrieblichen Risikolevel des jeweiligen Blockabschnitts beeinflusst werden. Da Blockabschnitte mit niedrigem betrieblichem Risiko im Störfall nur einen geringen Einfluss auf die Betriebsqualität des Untersuchungsraums haben, werden die auf ihnen angesiedelten Zeitaufschläge geringgehalten, wohingegen sie für Blockabschnitte mit höherem Risikolevel größer ausfallen. Entsprechend ist es ratsam, den Wert von P_{min} niedrig anzusetzen (hier: $P_{min} = 0{,}05$) und den Wert von P_{max} experimentell zu variieren. Hierzu wird der Wert von P_{max} mit einer Schrittweite von 0,05 von 0,3 bis 0,95 variiert und die sich jeweils ergebende gesamte gewichtete Wartezeit miteinander verglichen. Zudem wird auch die Wartezeit der letzten Zugfahrt im Untersuchungszeitraum erhoben und verglichen, um einen unter Umständen zu großen zeitlichen Überhang am Ende des Untersuchungszeitraums feststellen zu können. Alle anderen Parameter werden dabei nicht verändert und die Länge eines Dispositionsintervalls wird basierend auf den Erkenntnissen aus Abschnitt 4.1.2.1 zu 20% eines Prognosehorizonts und dessen Länge wiederum zu 40% des Untersuchungszeitraums festgesetzt.

Die Untersuchung des Wertebereichs von P_{max} ist dahingehend relevant, als dass ein zu großer Wert zu unverhältnismäßig hohen Zeitaufschlägen und somit zu einer abnehmenden betrieblichen Kapazität führen würde, wohingegen ein zu kleiner Wert die potentiell auftretenden Störungen nicht hinreichend abbilden und somit zu unzureichenden Dispositionsmaßnahmen führen würde.

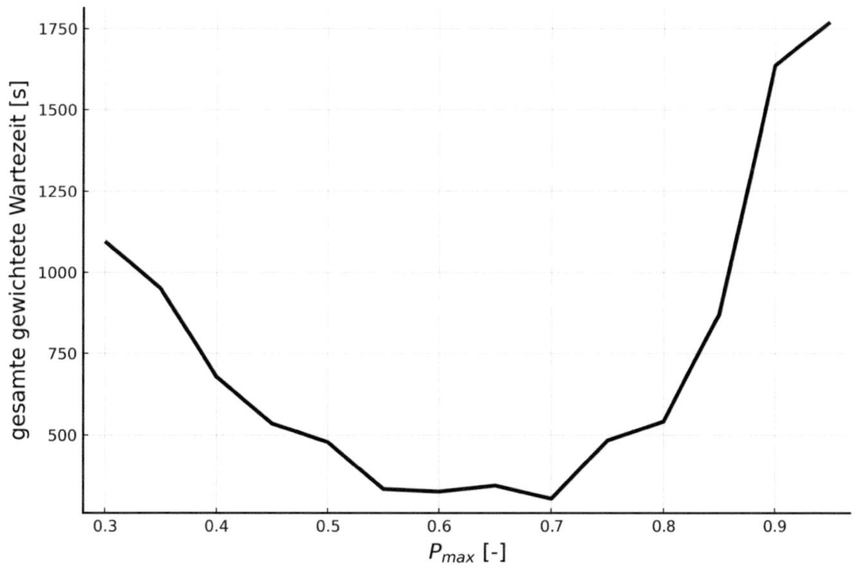

Abbildung 25: **Einfluss der maximalen Eintrittswahrscheinlichkeit künftiger Störungen auf die gesamte gewichtete Wartezeit**

Aus den in Abbildung 25 dargestellten Untersuchungsergebnissen ist zu entnehmen, dass die Betriebsqualität in Gestalt der gesamten gewichteten Wartezeit nicht nur für kleine, sondern auch für große Werte von P_{max} schlecht ausfällt. Jedoch kann der mit den kleineren Werten einhergehende unterproportionale Berücksichtigung von potentiellen Konflikten durch dispositive Maßnahmen besser begegnet werden als es bei einer überproportional starken Berücksichtigung von Konflikten der Fall ist. Leicht ersichtlich ist zudem, dass die geringste gesamte gewichtete Wartezeit für Werte von P_{max} im Bereich von 0,55 bis 0,7 zu erzielen ist. Aufgrund dessen, dass höhere P_{max}-Werte zu einem größeren Rechenaufwand führen, kann eine Festsetzung von P_{max} auf 0,55 empfohlen werden.

4.1.2.3 Einfluss der zulässigen Iterationsschritte bei der Tabu-Suche

Für den Fall, dass im Zuge der risikoorientierten Konflikterkennung größere Konflikte, die den vom Anwender gesetzten Schwellenwert überschreiten, identifiziert werden, wird durch den Dispositionsalgorithmus als Dispositionsmaßnahme eine veränderte Zugreihenfolge mithilfe der Tabu-Suche ermittelt. Zur Einsparung von Rechenzeit wird dabei nicht zwingend die optimale Reihenfolge identifiziert, sondern eine, die das vom Anwender gesetzte Terminations- bzw. Aspirationskriterium erstmalig erfüllt. Als Terminationskriterium fungiert hierbei die Anzahl an zulässigen Iterationsschritten (N_I). Wird diese zu gering gewählt, so würde die Betriebsqualität nur unzureichend verbessert werden, wohingegen eine zu große Anzahl sich wie beschrieben nachteilig auf die Rechenzeit auswirkt und somit einen Echtzeiteinsatz des Algorithmus gefährden würde.

Weil ein unmittelbarer Zusammenhang zwischen dem Maximalwert der Eintrittswahrscheinlichkeit künftiger Störungen P_{max} und den zu lösenden Sperrzeitenkonflikten besteht, ist die benötigte zulässige Iterationszahl in Abhängigkeit von P_{max} zu setzen. Von Interesse ist es deshalb, den jeweiligen Konvergenzpunkt der Anzahl an zulässigen Iterationsschritten bezogen auf P_{max} zu ermitteln.

Die Ergebnisse der diesbezüglichen Untersuchung sind in Abbildung 26 dargestellt, woraus abgeleitet werden kann, dass die notwendige Anzahl an Iterationen im Rahmen der Tabu-Suche mit abnehmendem Störeintrag geringer ausfällt. Ausgehend von der in Abschnitt 4.1.2.2 aufgestellten Empfehlung den Wert von P_{max} auf 0,55 festzusetzen, resultiert die Notwendigkeit 30 bis 35 Iterationsschritte als Terminationskriterium für die Tabu-Suche zu wählen.

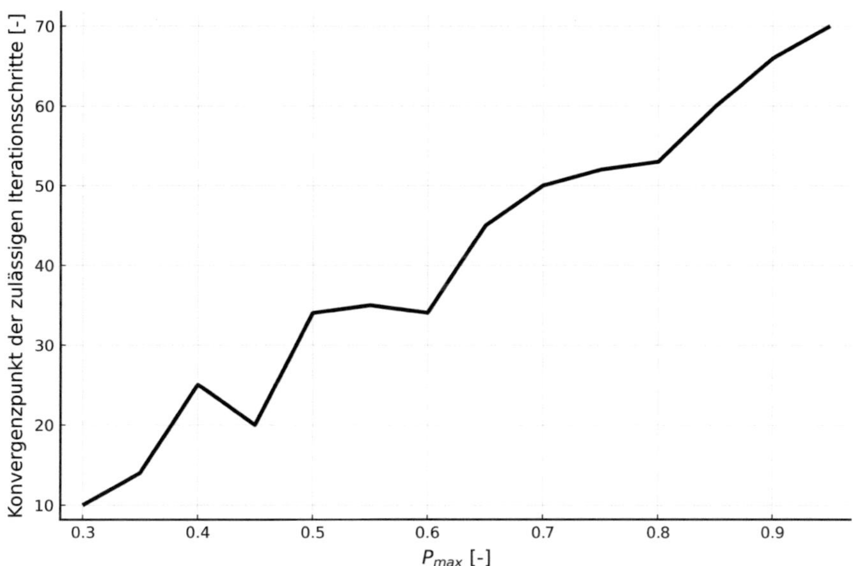

Abbildung 26: **Zusammenhang des Konvergenzpunkts der zulässigen Iterationsschritte und der maximalen Eintrittswahrscheinlichkeit künftiger Störungen**

4.2 Parameterbestimmungen

Über die im vorangegangenen Abschnitt untersuchten Parameter hinaus üben ebenfalls die beiden Parameter Anzahl der Risikolevel und Anzahl an Störszenarien einen entscheidenden Einfluss auf die betriebliche Risikoanalyse und somit auch auf die generierten Dispositionslösungen aus. Deshalb werden die beiden genannten Parameter in den nachstehenden Abschnitten näher betrachtet.

4.2.1 Anzahl der Risikolevel

Nach Berechnung der normierten Risikoindizes der Blockabschnitte gemäß Abschnitt 2.2.3 werden diese den verschiedenen Risikolevels zugeteilt. Je geringer die Anzahl an Risikolevels durch den Anwender ausgewählt wird, desto mehr Blockabschnitte finden sich innerhalb des gleichen Risikolevels wieder. In der Folge würde jedoch die darauf aufbauende Generierung von Dispositionsmaßnahmen zu pauschal erfolgen, weshalb eine angemessen hohe Anzahl an Risikolevels anzustreben ist. Allerdings gilt es dabei zu beachten, dass wiederum nicht zu viele Risikolevels erschaffen werden, da dadurch der Bündelungseffekt abgeschwächt wird und der Rechenaufwand bei der

Generierung der Dispositionslösungen unter Umständen den angestrebten Echtzeiteinsatz gefährden würde. Um Erkenntnisse zur geeigneten Anzahl an Risikolevels im Hinblick auf das im vorliegenden Forschungsprojekt untersuchte Referenzmodell zu gewinnen, wurde die Anzahl an Risikolevels testweise von eins bis 35 (entspricht der Gesamtzahl an Blockabschnitten) variiert und die sich ergebenden Risikoklassifizierungen miteinander verglichen.

Zu diesem Zweck wird die in Anhang II aufgeführte Berechnungsmethodik angewendet, die Aufschluss über den Zusammenhang zwischen der Anzahl an betrieblichen Risikolevels einerseits und der mittleren normierten Standardabweichung der Risikolevels der Blockabschnitte hinsichtlich aller verdichteten Basisfahrpläne andererseits gibt.

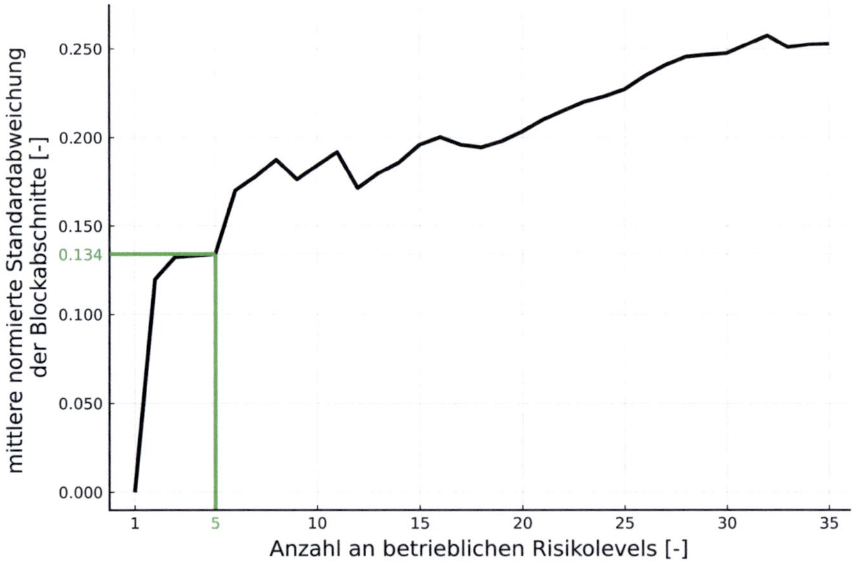

Abbildung 27: **Zusammenhang zwischen der Anzahl an betrieblichen Risikolevels und der mittleren normierten Standardabweichung der Blockabschnitte**

Grundsätzlich konnte dabei festgestellt werden, dass letztere Kennziffer mit zunehmender Anzahl an betrieblichen Risikolevels monoton steigt, wie Abbildung 27 entnommen werden kann. Allerdings kann der Abbildung auch entnommen werden, dass bei fünf Risikolevels ein Plateau hinsichtlich der mittleren normierten Standardabweichung der Blockabschnitte vorliegt, wohingegen direkt ab sechs Risikolevels diese

Kennziffer sprunghaft ansteigen würde. Für das untersuchte Fallbeispiel eignet sich somit eine Wahl von fünf Risikolevels, um einen adäquaten Kompromiss zwischen stabilen, aber dennoch spezifischen Untersuchungsergebnissen und einem akzeptablen Berechnungsaufwand zu erzielen.

4.2.2 Anzahl an Störszenarien

Im Rahmen der betrieblichen Risikoanalyse werden gemäß Abschnitt 2.2.2 die Auswirkungen von auf den Blockabschnitten auftretenden Störungen auf die Betriebsqualität des Untersuchungsraums ermittelt. Damit die hierbei resultierenden Erkenntnisse statistisch belastbar sind und kein Ausreißer das Ergebnis verfälscht, reicht ein einzelnes Störszenario je Blockabschnitt bei weitem nicht aus. Allerdings würde eine zu große Anzahl mit einem unverhältnismäßig hohen Rechenaufwand einhergehen ohne die Ergebnisse signifikant zu verbessern. Um daher eine angemessene Anzahl an benötigten Störszenarien für den jeweiligen Anwendungsfall zu testen, empfiehlt es sich die Anzahl der Störszenarien schrittweise zu erhöhen und jeweils die resultierenden Risikolevels der Blockabschnitte zu bestimmen. Sobald deren Schwankung deutlich nachlässt bzw. gänzlich entfällt, kann die Anzahl der benötigten Störszenarien abgeleitet werden.

Bezogen auf das Referenzmodell dieses Forschungsprojekts kann festgestellt werden, dass sich ab 40 Störszenarien je Blockabschnitt die zugehörigen Risikoindizes nur noch in vernachlässigbarem Maße ändern.

4.3 Bewertung des Algorithmus

Um die Wirksamkeit des entwickelten Dispositionsalgorithmus zu demonstrieren, wird in den folgenden Abschnitten dessen Einfluss auf betriebliche Kenngrößen ausgewertet sowie ein Vergleich zum First Come First Serve-Dispositionsprinzip (FCFS) gezogen.

4.3.1 Performance

Für jeden Zeitabschnitt werden die gesamte gewichtete Wartezeit, die Anzahl relativen Umordnens und die mittlere Zeitenanpassung berechnet, um den Nutzen des Algorithmus im Zeitverlauf beurteilen zu können. Abbildung 28 zeigt diesbezüglich für das Referenzmodell die Entwicklung der gesamten gewichteten Wartezeit im Verlaufe der insgesamt zwölf Zeitabschnitte. Dabei wird ersichtlich, dass der Indikator im Zeitverlauf abnimmt. Es kann deshalb davon ausgegangen werden, dass verhältnismäßig viele Konflikte bereits in früheren Zeitabschnitten gelöst werden, wodurch eine höhere Pünktlichkeit der Züge in den späteren Zeitanschnitten bewirkt wird, obwohl dort weitere Störeinflüsse wirken.

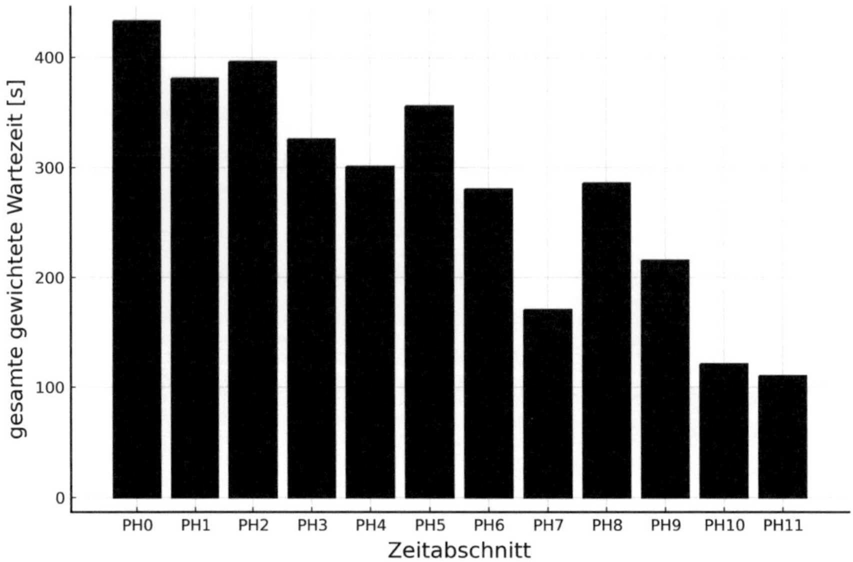

Abbildung 28:   Gesamte gewichtete Wartezeit im Zeitverlauf

Hinsichtlich der Anzahl relativen Umordnens kann für den vorliegenden Referenzfall Abbildung 29 ein gezackter Kurvenverlauf entnommen werden. Hierunter ist zu verstehen, dass auf einen Zeitabschnitt mit relativ vielen Reihenfolgeanpassungen i.d.R. drei Zeitabschnitte mit deutlich weniger solcher Anpassungen folgen, ehe der Anpassungsaufwand wieder sprunghaft ansteigt. Dies korrespondiert gut mit der Funktionsweise des Algorithmus, da dieser dispositive Maßnahmen stets für einen gesamten Prognosehorizont identifiziert, sie jedoch zunächst nur für die Dauer eines deutlich kleineren Dispositionsintervalls Anwendung finden. Da bis zum Beginn des folgenden Dispositionsintervalls nur relativ wenig Zeit vergeht, treten in diesem Zeitraum im Allgemeinen auch nur verhältnismäßig wenige Störungen auf, deren Einfluss oftmals gar nicht oder durch eine Anpassung der Belegungszeiten begegnet werden kann. Erst durch das Verstreichen mehrerer Dispositionsintervalle summieren sich die Störereignisse so sehr auf, als dass sie größere Konflikte im Betriebsablauf hervorrufen, die nur durch Anpassungen an der Zugreihenfolge gelöst werden können.

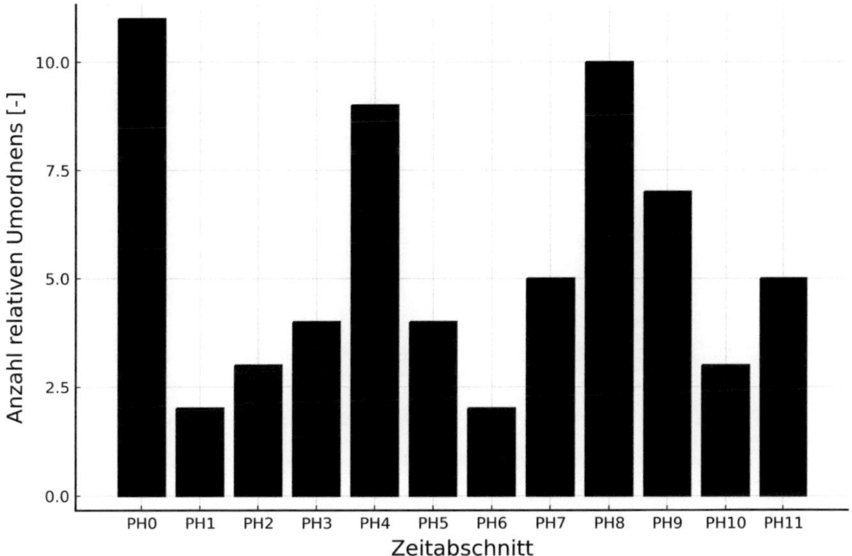

Abbildung 29: **Anzahl relativen Umordnens im Zeitverlauf**

Bei Betrachtung der in Abbildung 30 gezeigten Kurve der mittleren Zeitenanpassung im Verlauf der Zeitabschnitte kann eine grundsätzliche Zunahme der Werte dieses Indikators im Laufe des Untersuchungszeitraums festgestellt werden. Auch diese Erkenntnis ist plausibel, da mit zunehmendem Zeitverlauf insgesamt mehr Störereignisse auf den Eisenbahnbetrieb bereits eingewirkt haben, wodurch auch die angepassten Belegungszeiten früherer Zugläufe auf die der nachfolgenden einwirken.

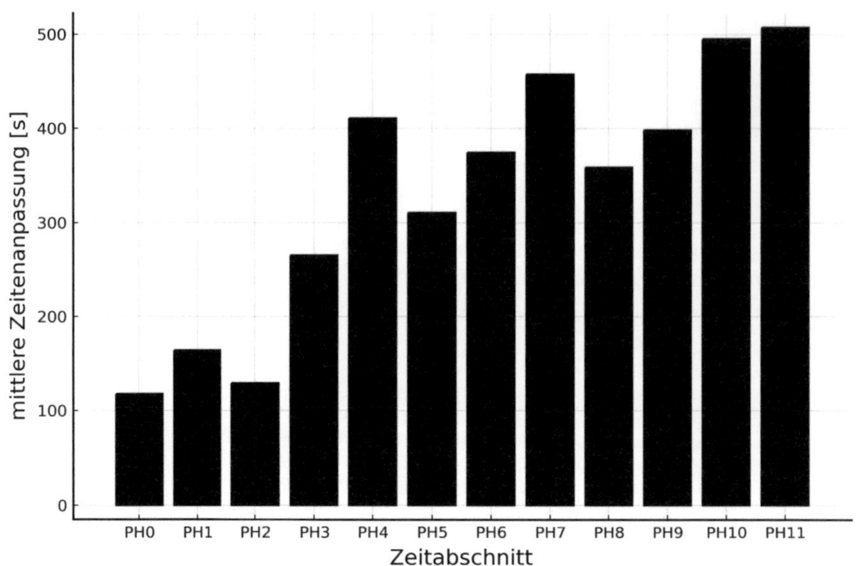

Abbildung 30:   Mittlere Zeitenanpassung im Zeitverlauf

4.3.2   Vergleich mit anderen Dispositionsprinzipien

Im Zuge von Leistungsuntersuchungen wird der Zusammenhang zwischen der Betriebsqualität, bspw. in Form auftretender Wartezeiten, und der Belastung in Gestalt von Zugfahrten innerhalb eines Zeitintervalls untersucht. Hierdurch können wertvolle Aussagen hinsichtlich der Kapazität des untersuchten Netzes getätigt werden. Eine wichtige Kenngröße stellt dabei der optimale Leistungsbereich (OLB) dar. Dieser beschreibt den Belastungsbereich, der nach unten von der minimalen relativen Empfindlichkeit der Wartezeitfunktion und nach oben von der maximalen Beförderungsenergie hin abgegrenzt wird (vgl. (Chu 2014), (Hertel 1992) und (Schmidt 2009)). Wird das betrachtete Eisenbahnnetz bzw. der betrachtete Streckenabschnitt innerhalb dieses Belastungsbereichs betrieben, so kann von einem wirtschaftlich optimalen und zugleich hinsichtlich der Wartezeiten akzeptablen Betriebsablauf ausgegangen werden (Li 2015).

Da der optimale Leistungsbereich nicht nur von der Infrastruktur, sondern auch vom Betriebsprogramm abhängt, hängt er somit auch von der Güte etwaiger Dispositionslösungen ab. Deshalb wird für das Referenzmodell bei gestörtem Betriebsablauf ein Vergleich des vorgeschlagenen Algorithmus mit dem FCFS-Prinzip und dem Greedy-

Algorithmus (vgl. (Cormen et al. 2009)) durchgeführt, indem jeweils 1650 gestörte Fahrpläne getestet werden. Die entsprechenden Erkenntnisse sind in Abbildung 31 aufgeführt, wo zusätzlich auch die mittlere Wartezeitfunktion, die maximale durchsatzbezogene Leistungsfähigkeit sowie der optimale Leistungsbereich für den ungestörten Fall (Basisfahrplan) eingezeichnet sind. Es wird ersichtlich, dass der im Rahmen des vorliegenden Forschungsprojekts entwickelte Dispositionsalgorithmus im Vergleich zu den beiden anderen Dispositionsprinzipien am nächsten an die Werte eines ungestörten Betriebs herankommt und eine deutlich bessere Leistungsfähigkeit besitzt, wie es auch Tabelle 6 entnommen werden kann.

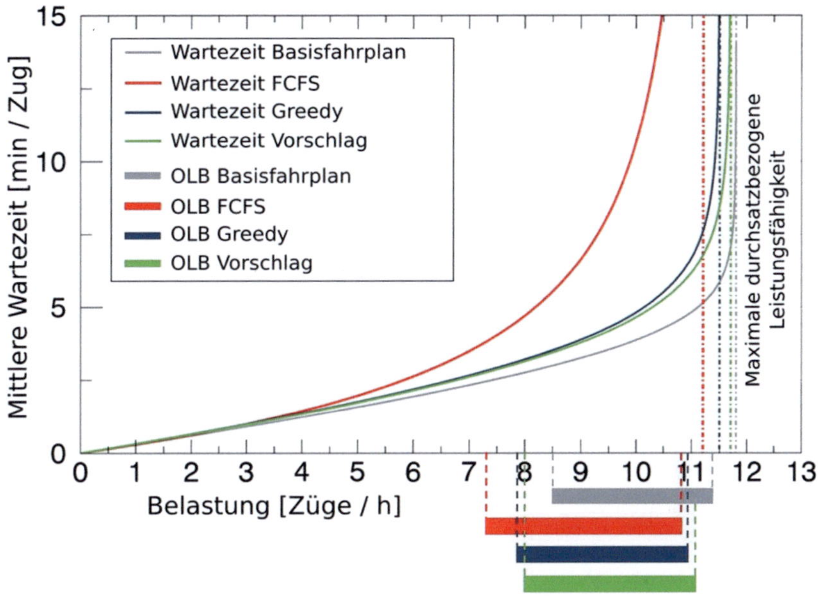

Abbildung 31: Vergleich der optimalen Leistungsbereiche bei Anwendung verschiedener Dispositionsprinzipien

Zudem wurden auch noch weitere Vergleiche zwischen dem vorgeschlagenen Dispositionsalgorithmus und dem FCFS-Prinzip gezogen, da sich letzteres aufgrund der einfachen Handhabung einer breiten Anwendung erfreut. So werden dabei festgelegte Prioritäten, wie beispielsweise eine höhere Gewichtung von Fernverkehrszügen gegenüber Güterzügen, vernachlässigt und stattdessen diejenige Zugfahrt zuerst bedient, die den jeweiligen Blockabschnitt zuerst belegen möchte. Konkret wurde die gesamte gewichtete Wartezeit sowohl bei einer Anwendung des FCFS-Prinzips als auch des vorgeschlagenen Algorithmus für das Referenzmodell mit geeigneten Parameterwerten (PH = 40% von T_U, DI = 20% von PH, T_U = 0,65, N_I = 45) berechnet. Wie Abbildung 32 entnommen werden kann, sinkt die gesamte gewichtete Wartezeit mit Voranschreiten des Untersuchungszeitraums, jedoch gelingt es dem vorgeschlagenen Dispositionsalgorithmus deutlich besser, die Wartezeiten zu reduzieren.

	FCFS	Greedy	Vergleich zum hier vorgeschlagenen Algorithmus
Maximale durchsatzbezogene Leistungsfähigkeit (Züge/h)	11,2	11,5	11,7 ($\triangleq$ +4,46% ggü. FCFS)
Untere Grenze des optimalen Leistungsbereichs (Züge/h)	7,3	7,8	8,0 ($\triangleq$ +9,59% ggü. FCFS)
Obere Grenze des optimalen Leistungsbereichs (Züge/h)	10,8	10,9	11,1 ($\triangleq$ +2,78% ggü. FCFS)

Tabelle 6: **Vergleich von kapazitätsrelevanten Indikatoren bei Anwendung verschiedener Dispositionsprinzipien**

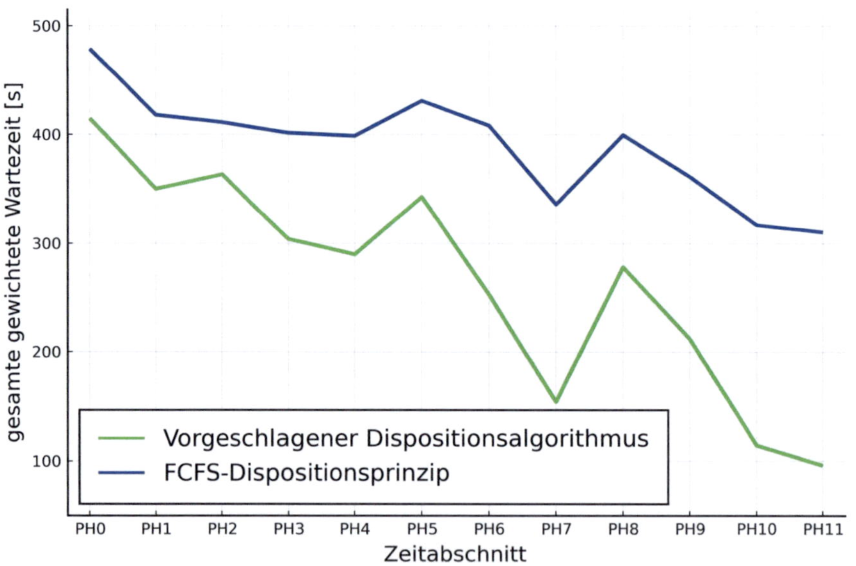

Abbildung 32: **Gesamte gewichtete Wartezeit im Zeitverlauf in Abhängigkeit vom Dispositionsprinzip**

5 Zusammenfassung und Ausblick

Das vorliegende Forschungsprojekt zur Entwicklung eines proaktiven Dispositionsalgorithmus besitzt eine hohe praktische Relevanz, da durch das zunehmende Eisenbahnverkehrsaufkommen bei gleichzeitig beschränkter Erweiterbarkeit der infrastrukturellen Anlagen der nachteilbehaftete Einfluss von Störungen auf den Betriebsablauf weiter zunehmen wird. Um die störungsbedingten Abweichungen möglichst gering zu halten, generiert der vorgeschlagene Algorithmus automatisiert Dispositionslösungen, die nicht nur gegenüber bereits aufgetretenen, sondern auch künftigen Störeinflüssen möglichst wirksam sein sollen.

Eine besondere Eigenschaft der entwickelten Methodik ist, dass hierzu vor der Betriebsdurchführung eine betriebliche Risikoanalyse durchgeführt wird. In dieser wird der geplante Betriebsablauf blockabschnittsweise innerhalb eines Simulationstools mit Störungen überlagert, um deren Auswirkungen auf die Betriebsqualität im Netz ermitteln zu können. Davon ausgehend können die Blockabschnitte in verschiedene Risikolevels klassifiziert werden.

In Abhängigkeit vom jeweiligen Risikolevel beaufschlagt der Dispositionsalgorithmus im Betriebsablauf im Rahmen der Konflikterkennung risikoorientiert die Belegungszeiten der Züge auf den Blockabschnitten, wodurch dem Eintreten von Störeinflüssen proaktiv vorweggegriffen wird und die Robustheit der generierten Dispositionslösungen gegenüber im weiteren Betriebsablauf tatsächlich auftretenden Störungen erhöht wird.

Diese Robustheit wird nochmals gesteigert, indem die Dispositionsentscheidungen innerhalb eines rollierenden Zeithorizonts getroffen werden. Hierzu unterteilt der vorgeschlagene Algorithmus den Untersuchungszeitraum automatisiert in adäquate Zeitabschnitte. Während die Prognosehorizonte i.d.R. ein bis mehrere Stunden umfassen, sind die Dispositionsintervalle deutlich kürzer. Dadurch wird ermöglicht, dass Lösungen für einen mittelfristigen Zeithorizont gesucht werden, ihre Wirksamkeit jedoch bereits nach einer kürzeren Zeitdauer wieder überprüft wird.

Um eine Generierung von Dispositionsmaßnahmen im Echtzeiteinsatz zu gewährleisten, wird zur Einsparung des Rechenaufwands mit der Tabu-Suche ein heuristisches Verfahren implementiert, das dennoch effektive betriebliche Maßnahmen vorschlägt.

Zur Veranschaulichung der Wirkungsweise des Algorithmus wird eine umfangreiche Fallstudie anhand eines Referenzmodells durchgeführt, auf dem in Form von Begegnungskonflikten und Folgekonflikten sowie Kreuzungskonflikten und Einfädelungskonflikten vier Konflikttypen auftreten können, sodass der entwickelte Algorithmus mit ihnen umgehen kann.

Darüber hinaus werden die erzielten Ergebnisse auch mit denen anderer Dispositionsmethoden verglichen. Hierbei zeigt sich die Vorteilhaftigkeit der vorgeschlagenen Methodik, indem sowohl die gesamte gewichtete Wartezeit als auch der optimale Leistungsbereich signifikant besser ausfallen.

Bei der Entwicklung des Algorithmus wurde stets Wert auf eine möglichst große Flexibilität für notwendige Anpassungen gelegt. Aus diesem Grund können problemlos andere Störungsverteilungen, andere Betriebsprogramme und sogar andere Infrastrukturen untersucht werden, wodurch er auch für abweichende Untersuchungsräume genutzt werden kann.

Des Weiteren bietet der Algorithmus im Falle eines praktischen Einsatzes im realen Eisenbahnbetriebsablauf zahlreiche zusätzliche Vorteile. So werden die Disponenten nicht nur entlastet, sondern sie können durch die risikoorientierte Konflikterkennung künftigen Störungen bereits proaktiv begegnen. Ferner bietet der Dispositionsalgorithmus in Gestalt der betrieblichen Risikoanalyse bereits während der Fahrplanerstellung wichtige Erkenntnisse hinsichtlich einer geeigneten Verteilung etwaiger Zeitzuschläge und Anhaltspunkte bezüglich infrastruktureller Anpassungsbedarfe.

Auch wenn der entworfene Dispositionsalgorithmus bereits über zahlreiche Vorteile verfügt, könnten im Zuge künftiger Weiterentwicklungen Verbesserungen erzielt werden.

Hierzu würde beispielsweise die Einbeziehung charakteristischer Merkmale der Blockabschnitte zählen, da die im Rahmen der betrieblichen Risikoanalyse aufgebrachten Störungen gegenwärtig nur vom Zugtyp abhängen. Nicht einbezogen werden hingegen beispielsweise Informationen hinsichtlich beweglicher Fahrwegelemente, obwohl diese eine höhere Ausfallwahrscheinlichkeit aufweisen als ein gerader Streckenabschnitt. Auch in Kombination mit Echtzeiterkenntnissen zum Infrastrukturzustand könnte die Qualität der dispositiven Maßnahmen nochmals verbessert werden.

Weiterer Anpassungsbedarf bietet sich im Hinblick auf die Pünktlichkeit von Fahrgästen und/oder Gütern. So könnten im Zuge weiterer Entwicklungsschritte auch Anschlusskonflikte durch den Algorithmus mituntersucht werden, sodass der Übergang von einer großen Anzahl an Fahrgästen und/oder Gütern Vorrang gegenüber weniger nachgefragten Verbindungen hätte. Zusätzlich wäre es in diesem Zusammenhang auch denkbar, die Zielfunktion nicht aus der Betreiberperspektive, sondern aus der Kundenperspektive zu sehen. So könnte anstelle der gesamten gewichteten Wartezeit (der Züge) zum Beispiel die Fahrgast-/Güterpünktlichkeit treten.

Um die Dispositionslösungen noch schneller generieren zu können und/oder komplexere Eisenbahnnetze untersuchen zu können, könnten auch Weiterentwicklungen am Code sinnvoll sein. Beispielsweise könnten die Berechnungen nicht nur auf einem Prozessorkern durchgeführt werden, sondern über mehrere Rechenkerne verteilt werden. Weiteres Beschleunigungspotential könnte der Ersatz der Simulationssoftware RailSys durch eine Open Source-Simulationssoftware bieten, in die der Dispositionsalgorithmus direkt einprogrammiert werden könnte, wodurch die mitunter zeitaufwändige Schnittstelle zwischen RailSys und dem eigentlichen Algorithmus entfallen würde.

Zuletzt könnten die aufgezeigten Vorteile des entwickelten Algorithmus auch auf andere Verkehrsträger übertragen werden. Hierzu laufen entsprechende Forschungsaktivitäten am Institut für Eisenbahn- und Verkehrswesen der Universität Stuttgart, die sich mit einer verkehrsträgerunabhängigen Methodik zur Ressourcenplanung und Ressourcendisposition beschäftigt (vgl. (Tideman und Martin 2018)).

Glossar

Abfahrtszeitüberschreitung	Zeitüberschreitung, die nach abgeschlossenem Fahrgastwechsel und/oder abgeschlossener Güterladung z.B. aufgrund technischer Störungen entstehen
Aspirationskriterium	Vom Anwender im Rahmen der Tabu-Suche vorzugebender Wert, der einen Abbruch dieser bei Erreichen einer als ausreichend anzusehenden Lösung bewirkt (bspw. hinreichend niedrige gesamte gewichtete Wartezeit)
Betrieblicher Risikoindex	Erwartungswert der negativen Einflüsse, die im Untersuchungsraum durch das Auftreten von Störungen auf bestimmten Blockabschnitten verursacht werden
Dispositionsintervall	Zeitintervall, für dessen Dauer generierte Dispositionslösungen tatsächlich angewendet werden
Einbruchsverspätung	Differenz zwischen der geplanten Ankunftszeit und der tatsächlichen Ankunftszeit von Zügen, wenn diese die Grenze des Untersuchungsraums erstmals überschreiten
Fahrzeitverlängerung	Ungeplante Verlängerungen der geplanten Fahrzeit
Folgeverspätung	Von einem oder mehreren Zügen übertragene Verspätung
Haltezeitverlängerung	Ungeplante Überschreitung der geplanten Haltezeit an einem planmäßigen Halt
Monte-Carlo-Methode	Stochastisches Verfahren zur Nachbildung zufälliger Ereignisse unter Einsatz von Pseudozufallszahlen
Optimaler Leistungsbereich	Belastungsbereich eines untersuchten Netz- bzw. Streckenabschnitts, der nach unten von der minimalen relativen Empfindlichkeit der Wartezeitfunktion und nach oben von der maximalen Beförderungsenergie hin abgegrenzt wird

Prognosehorizont	Zeitintervall, für dessen Dauer Dispositionslösungen generiert werden
Störszenario	Fahrplan, bei dem die Zugläufe auf Basis der Monte-Carlo-Methode und der jeweiligen Wahrscheinlichkeitsverteilungsfunktion gestört sind
Tabu-Suche	Metaheuristisches Optimierungsverfahren
Terminationskriterium	Vom Anwender im Rahmen der Tabu-Suche vorzugebender Wert, der einen Abbruch dieser aus Laufzeitgründen bewirkt (bspw. Anzahl zulässiger Iterationen)

Literaturverzeichnis

Andersson, Emma V., Anders Peterson, und Johanna Törnquist Krasemann. „Quantifying railway timetable robustness in critical points." *Journal of Rail Transport Planning & Management*, August 2013: 95-110.

Banse, Gerhard, und Gotthard Bechmann. *Interdisziplinäre Risikoforschung. Eine Bibliographie.* Wiesbaden: Springer Fachmedien Wiesbaden GmbH, 1998.

BMVI. „Masterplan Schienenverkehr." Juni 2020. https://www.bmvi.de/SharedDocs/DE/Anlage/E/masterplan-schienenverkehr.pdf?__blob=publicationFile (Zugriff am 10. Mai 2021).

Brotcorne, Luce, Sébastien Lepaul, und Léonard von Niederhäusern. „A Rolling Horizon Approach for a Bilevel Stochastic Pricing Problem for Demand-Side Management." 1. März 2021. https://arxiv.org/pdf/2102.13634.pdf (Zugriff am 17. 05 2021).

Carey, Malachy, und Andrzej Kwieciński. „Stochastic approximation to the effects of headways on knock-on delays of trains." *Transportation Research Part B: Methodological*, August 1994, 4. Ausg.: 251-267.

Chu, Zifu. *Modellierung der Wartezeitfunktion bei Leistungsuntersuchungen im Schienenverkehr unter Berücksichtigung der transienten Phase.* Norderstedt: Books on Demand GmbH, 2014.

Corman, Francesco, Andrea D'Ariano, Dario Pacciarelli, und Marco Pranzo. „Centralized versus distributed systems to reschedule trains in two dispatching areas." 10. November 2010. https://link.springer.com/content/pdf/10.1007/s12469-010-0032-7.pdf (Zugriff am 12. Mai 2021).

Cormen, Thomas H., Charles E. Leiserson, Ronald L. Rivest, und Clifford Stein. *Introduction to Algorithms.* Cambridge London: The MIT Press, 2009.

Cui, Yong, Ullrich Martin, und Weiting Zhao. „Calibration of disturbance parameters in railway operational simulation based on reinforcement learning." *Journal of Rail Transport Planning & Management*, Juni 2016: 1-12.

D'Ariano, Andrea. „Improving Real-Time Train Dispatching: Models, Algorithms and Applications.“ *TU Delft.* 7. April 2008. https://repository.tudelft.nl/islandora/object/uuid:178b886e-d6c8-4d39-be5d-03d9fa3a680f/datastream/OBJ/download (Zugriff am 12. Mai 2021).

DB Netz AG. „Liste der Entgelte.“ 24. September 2020. https://fahrweg.dbnetze.com/resource/blob/4652874/7761d5a17bf72f6a23a4c592efd204b1/SNB_2021_Anlage_6-2-data.pdf (Zugriff am 9. Juni 2021).

—. „Richtlinie 405 - Fahrwegkapazität.“ 2008.

—. „Richtlinie 420.02 - Zusammenarbeit mit Eisenbahnverkehrsunternehmen.“ 2019.

Deutsche Bahn AG. „Integrierter Bericht 2020.“ 25. März 2021. https://ibir.deutschebahn.com/2020/fileadmin/downloads/pdf/DB_IB20_d_web_01.pdf (Zugriff am 9. Juni 2021).

Drewello, Hansjörg, und Felix Günther. „Bottlenecks in railway infrastructure - do they really exist? The corridor Rotterdam-Genoa.“ 2012. https://aetransport.org/public/downloads/ZjtC8/5505-5218a24b13e09.pdf (Zugriff am 12. Mai 2021).

Fricke, Hans, und Klaus Pierick. *Verkehrssicherung.* Stuttgart: Vieweg+Teubner Verlag, 1990.

Gajera, Vatsal, Shubham, Rishabh Gupta, und Prasanta K. Jana. „An Effective Multi-Objective Task Scheduling Algorithm using Min-Max Normalization in Cloud Computing.“ *2nd International Conference on Applied and Theoretical Computing and Communication Technology (iCATccT).* Bangalore, 2016. 812-816.

Glover, Fred W., und Manuel Laguna. *Tabu Search.* New York: Springer US, 1997.

Goverde, Rob. „A delay propagation algorithm for large-scale railway traffic networks.“ *Transportation Research Part C: Emerging Technologies,* Juni 2010: 269-287.

Hansen, Ingo A., und Jörn Pachl. *Railway Timetabling & Operations: Analysis, Modelling, Optimisation, Simulation, Performance.* Hamburg: Eurailpress in DVV Media Group, 2014.

Hantsch, Fabian, Xiaojun Li, und Ullrich Martin. „Methoden zur Engpassanalyse bei der Infrastrukturbemessung im Schienenverkehr." *Eisenbahntechnische Rundschau*, März 2013: 30-33.

Hertel, Günter. „Die maximale Verkehrsleistung und die minimale Fahrplanempfindlichkeit auf Eisenbahnstrecken." *Eisenbahntechnische Rundschau*, Oktober 1992: 665-671.

Kim, Kyung Min. „Transit assignment model for express trains based on inverse optimization." *WIT Transactions on The Built Environment, COMPRAIL 2020*, 2020: 107-114.

Kroon, Leo, Gábor Maróti, Mathijn Retel Helmich, Michiel Vromans, und Rommert Dekker. „Stochastic improvement of cyclic railway timetables." *Transportation Research Part B: Methodological*, Juli 2008: 553-570.

Li, Xiaojun. *Mikroskopische Engpassanalyse bei eisenbahnbetriebswissenschaftlichen Leistungsuntersuchungen.* Norderstedt: Books on Demand GmbH, 2015.

Lindfeldt, Anders. „Railway capacity analysis: Methods for simulation and evaluation of timetables, delays and infrastructure." *KTH Royal Institute of Technology, School of Architecture and the Built Environment, Department of Transport Science.* August 2015. http://kth.diva-portal.org/smash/get/diva2:850511/FULLTEXT01.pdf (Zugriff am 12. Mai 2021).

Martin, Ullrich, Karl Nachtigall, Xiaojun Li, und Andreas Heppe. *Anforderungsgerechte Trassenstrukturen und deren Belegung im Netz von Schienenbahnen.* Norderstedt: Books on Demand GmbH, 2020.

Pänke, Ingo. „Vernetzung von Technologie und Anwenderwissen." *Deine Bahn*, März 2012: 44-47.

Quaglietta, Egidio, Francesco Corman, und Rob M.P. Goverde. „Stability of railway dispatching solutions under a stochastic and dynamic environment." 2013. https://www.research-collection.ethz.ch/bitstream/handle/20.500.11850/184812/document%20%281%29.pdf?sequence=1&isAllowed=y (Zugriff am 19. Mai 2021).

Schaer, Thorsten, et al. „DisKon - Laborversion eines flexiblen, modularen und automatischen Dispositionsassistenzsystems." *Eisenbahntechnische Rundschau*, Dezember 2005: 809-821.

Schmidt, Christine. *Beitrag zur experimentellen Bestimmung der Wartezeitfunktion bei Leistungsuntersuchungen im spurgeführten Verkehr.* Norderstedt: Books on Demand GmbH, 2009.

South East Transport Axis. „Bottleneck Analysis." 18. Mai 2013. http://www.southeast-europe.net/document.cmt?id=570 (Zugriff am 12. Mai 2021).

Tideman, Markus, Ullrich Martin, und Weiting Zhao. „Disposition von verkehrlichen Prozessen unter Einbeziehung von zufallsbedingten Unsicherheiten." *Eisenbahntechnische Rundschau*, Oktober 2018: 22-25.

Tideman, Markus, und Ullrich Martin. „Proaktive Disposition luftverkehrlicher Prozesse." *Internationales Verkehrswesen*, November 2018: 60-63.

Vakhtel, Sergey. *Rechnerunterstützte analytische Ermittlung der Kapazität von Eisenbahnnetzen.* RWTH Aachen, 2002.

Zhao, Weiting. *Hybrid Model for Proactive Dispatching of Railway Operation under the Consideration of Random Disturbances in Dynamic Circumstances.* Norderstedt: Books on Demand GmbH, 2018.

Abkürzungs- und Symbolverzeichnis

$\text{Abfahr}_{\text{Basis}}$	Geplante Abfahrtszeit
$\text{Abfahr}_{\text{gestört}}$	Gestörte Abfahrtszeit
$b_{z,j}$	Sperrzeitenbeginn des Zugs z auf dem Blockabschnitt j gemäß Simulationsprotokoll
$\bar{b}_{z,j}$	Sperrzeitenbeginn des Zugs z auf dem Blockabschnitt j im gestörten Fahrplan
DFG	Deutsche Forschungsgemeinschaft
DI	Dispositionsintervall
$\text{Fahr}_{\text{Basis}}$	Geplante Fahrzeit
$\text{Fahr}_{\text{gestört}}$	Gestörte Fahrzeit
FCFS	First Come First Serve
$f(Z)$	Zielfunktion der Tabu-Suche
GesamtgWZ	Gesamte gewichtete Wartezeit
GesamtgWZ_s	Gesamte gewichtete Wartezeit des Störszenarios s
$\text{Halt}_{\text{Basis}}$	Geplante Haltezeit
$\text{Halt}_{\text{gestört}}$	Gestörte Haltezeit
IEV	Institut für Eisenbahn- und Verkehrswesen der Universität Stuttgart
j	Blockabschnittsnummer
k	Formparameter der Erlang-Verteilung
L	Risikolevel
L_i	Risikolevel eines betrachteten Blockabschnitts für den i-ten verdichteten Basisfahrplan
L_{max}	Maximalwert des betrieblichen Risikolevels

L_{min}	Minimalwert des betrieblichen Risikolevels
L_{total}	Gesamtzahl an Risikolevels
$\bar{L}_{verdichtet}$	Mittelwert von L_i für alle verdichteten Fahrpläne
M	Gesamtzahl an Zugläufen
mZA	Mittlere Zeitenanpassung
$mZA(t)$	Mittlere Zeitenanpassung zum Zeitpunkt t
N	Anzahl an Blockabschnitten auf dem jeweiligen Zuglauf
N_{Block}	Anzahl an Blockabschnitten
N_I	Zulässige Iterationszahl im Rahmen der Tabu-Suche
$N_{verdichtet}$	Anzahl an verdichteten Basisfahrplänen
NRI_j	Normierter Risikoindex des Blockabschnitts j
NS	Anzahl an Störszenarien
$N(Z)$	Nachbarschaftslösungen der aktuellen Zugreihenfolge Z im Rahmen der Tabu-Suche
OLB	Optimaler Leistungsbereich
P	Eintrittswahrscheinlichkeit künftiger Störungen in Abhängigkeit von der Störungsverteilung
p	Wahrscheinlichkeitsdichte
P_{max}	Maximalwert der Eintrittswahrscheinlichkeit künftiger Störungen in Abhängigkeit von der Störungsverteilung
P_{min}	Minimalwert der Eintrittswahrscheinlichkeit künftiger Störungen in Abhängigkeit von der Störungsverteilung
PH	Prognosehorizont
RI_{Basis}	Mittlerer Risikoindex des Basisfahrplans
RI_j	Risikoindex des Blockabschnitts j

RI_{max}	Maximaler Risikoindex aller Blockabschnitte
s	Szenarionummer
t	Zeitpunkt
T_U	Untersuchungszeitraum
W_e	Proportionalitätsparameter, der den Anteil von Zügen beschreibt, die von Störungen beeinflusst werden können
w_z	Gewichtung des Zugs z für die Berechnung der gesamten gewichteten Wartezeit
Z	Aktuelle Zugreihenfolge Z im Rahmen der Tabu-Suche
z	Zugnummer
ZN	Beste Nachbarschaftslösung der aktuellen Zugreihenfolge Z im Rahmen der Tabu-Suche
ZZN	Zweitbeste Nachbarschaftslösung der aktuellen Zugreihenfolge Z im Rahmen der Tabu-Suche
β	Mittelwert der Störungen
$\Delta Abfahr$	Generierte Abfahrtszeitüberschreitung
$\Delta Einbruch$	Generierte Einbruchsverspätung
$\Delta Fahr$	Generierte Fahrzeitverlängerung
$\Delta Halt$	Generierte Haltzeitverlängerung
$\vartheta, \vartheta_1, \vartheta_2$	Gleichverteilte Zufallszahl zwischen 0 und 1
σ	Standardabweichung der Risikolevels hinsichtlich aller verdichteten Basisfahrpläne
$\sigma_{normiert}$	Normierte Standardabweichung der Risikolevels hinsichtlich aller verdichteten Basisfahrpläne
$\bar{\sigma}_{normiert}$	Mittlere normierte Standardabweichung der Risikolevels hinsichtlich aller verdichteten Basisfahrpläne

$\sigma_{normiert,j}$	Normierte Standardabweichung der Risikolevels hinsichtlich aller verdichteten Basisfahrpläne des Blockabschnitts j
$\tau_{i,Position}(t)$	Durchfahrtszeit des Zuges i an der jeweiligen im Basis-Fahrplan vorgesehenen Position

Anhang I: Spezifikation

In Abbildung 33 wird die prototypische Umsetzung des entwickelten Algorithmus in Gestalt der sogenannten Logical View als Klassendiagramm der Unified Modeling Language dargestellt.

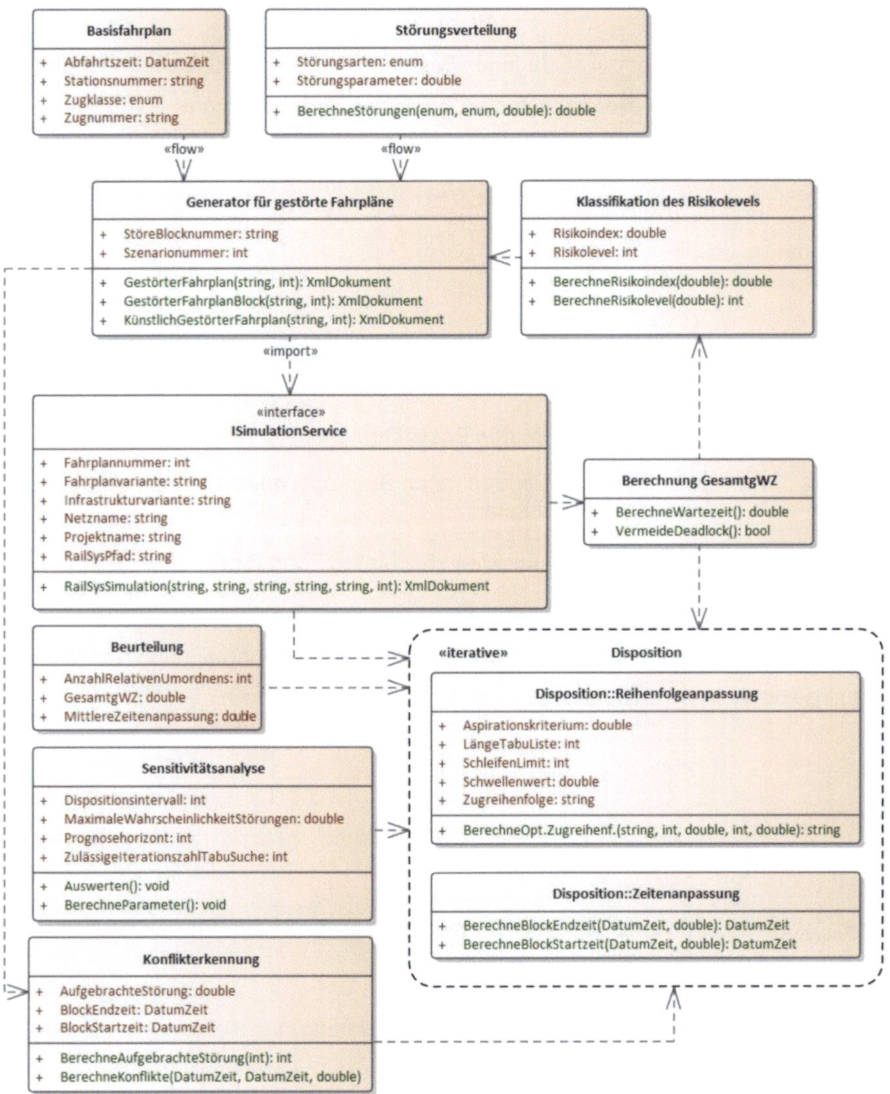

Abbildung 33:   Spezifikation des entwickelten Prototyps

Anhang II: Berechnungsmethodik für die Bestimmung der Anzahl an betrieblichen Risikolevels

Bezogen auf die in Abschnitt 4.2.1 durchgeführte Untersuchung hinsichtlich der Anzahl an betrieblichen Risikolevels wird nachstehend die zugehörige Berechnungsmethodik vorgestellt.

Zunächst wird gemäß Formel 16 für jeden Blockabschnitt die Standardabweichung der Risikolevels hinsichtlich aller verdichteten Basisfahrpläne berechnet.

$$\sigma = \sqrt{\frac{\sum_{i=1}^{N_{verdichtet}} \left(L_i - \bar{L}_{verdichtet} \right)^2}{N_{verdichtet}}} \qquad (16)$$

Mit

σ — Standardabweichung der Risikolevels hinsichtlich aller verdichteten Basisfahrpläne

$N_{verdichtet}$ — Anzahl an verdichteten Basisfahrplänen

L_i — Risikolevel eines betrachteten Blockabschnitts für den i-ten verdichteten Basisfahrplan

$\bar{L}_{verdichtet}$ — Mittelwert von L_i für alle verdichteten Fahrpläne

Darauf aufbauend wird mithilfe von Formel 17 die Standardabweichung der Risikolevels hinsichtlich aller verdichteten Basisfahrpläne normiert.

$$\sigma_{normiert} = \frac{\sigma}{\bar{L}_{verdichtet}} \qquad (17)$$

Mit

$\sigma_{normiert}$ — Normierte Standardabweichung der Risikolevels hinsichtlich aller verdichteten Basisfahrpläne

Zuletzt wird die mittlere normierte Standardabweichung der Risikolevels hinsichtlich aller verdichteten Basisfahrpläne anhand von Formel 18 berechnet.

$$\bar{\sigma}_{normiert} = \frac{\sum_{j=1}^{N_{Block}} \sigma_{normiert,j}}{N_{Block}} \tag{18}$$

Mit

$\bar{\sigma}_{normiert}$ — Mittlere normierte Standardabweichung der Risikolevels hinsichtlich aller verdichteten Basisfahrpläne

$\sigma_{normiert,j}$ — Normierte Standardabweichung der Risikolevels hinsichtlich aller verdichteten Basisfahrpläne des Blockabschnitts j

N_{Block} — Anzahl an Blockabschnitten